AF546580

Marc Trappe
Zug-
Maschinen
bei Circus- und
Schaustellerbetrieben

Verlag Podszun-Motorbücher GmbH
Elisabethstraße 23-25, D-59929 Brilon
Herstellung: LUC Medienhaus, Greven
Internet: www.podszun-verlag.de
Email: info@podszun-verlag.de
ISBN 978-3-86133-1065-0

Marc Trappe
Zug-
Maschinen
bei Circus- und
Schaustellerbetrieben

PODSZUN

Inhalt

Einleitung

Während meiner Kindheit, ich bin im Jahre 1971 geboren und im beschaulichen Dorf Oestrich bei Iserlohn aufgewachsen, durfte ich die Glanzzeiten der großen Circusunternehmen zum Glück noch miterleben. Namen wie Sarrasani, Althoff, Hagenbeck, Barum oder Busch-Roland konnte man zu dieser Zeit noch auf den bunten Plakaten lesen, die auf die regelmäßigen Gastspiele in den Städten der näheren Umgebung hinwiesen. Da mein Vater besonders großes Interesse am exotischen Tierbestand dieser Unternehmen hatte, brauchte es dann auch kaum Überredungskünste und der Besuch mindestens einer Vorstellung war gesichert. Zu den in Iserlohn oder Hagen gastierenden Großbetrieben besuchten seinerzeit noch viele Familiencircusse den fußläufig erreichbaren Neumarkt im Nachbarort Letmathe. Dort fanden damals sogar Gastspiele von reisenden Tierschauen, wie z.B. der Ozean Schau mit lebenden Haien in einem rollenden Aquarium, statt. Zusätzlich gab es bis Anfang der 2000er Jahre noch ein alljährlich stattfindendes Schützenfest sowie die Kiliankirmes, die als letztes Spektakel übrig bleibt

Auch in unserem Dorf wurde zu meiner Kindheit, wie es sich für das Sauerland gehört, noch ein richtiges Schützenfest gefeiert. Mit Festzelt, Reihengeschäften, einem Autoskooter und oftmals auch noch einem Rundfahrgeschäft. Im Alter von elf oder zwölf Jahren, also mit Beginn der Teenager-Zeit, sah ich zum ersten Mal den nagelneuen „Schlager-Express" des Iserlohner Schaustellers Heinz Wendler auf dem örtlichen Festplatz vorfahren. Ich kann mich noch heute an die DAF 2800 Zugmaschine mit gelbem Fahrgestell und braunem Fahrerhaus erinnern, die mit dem langen Mittelbauwagen des Rundfahrgeschäftes auf den alten Asche-Platz rollte. Anfang der 1980er Jahre waren die mir bekannten Zugmaschinen alle mit einer festen Ballastpritsche ausgestattet und diese DAF hatte ein Wechselsystem für kurze Kofferbrücken, die auf Stützen abgestellt werden konnten. Natürlich kannte ich normale Lkw mit Wechselbrücken oder Containern, aber bei einem Schausteller hatte ich sowas noch nicht gesehen. Da der Modellhersteller Kibri seinerzeit die passende DAF Zugmaschine und einen Schaustellerwohnwagen im Maßstab 1/87 im Programm hatte, wurde nur kurze Zeit später auf meiner Modellbahnanlage ebenfalls ein Schützenfest gefeiert. Tat- sächlich dürfte die Zugmaschine der Familie Wendler vermutlich auch mein besonderes Interesse an den Fahrzeugen bei Schausteller- und Circusunternehmen ausgelöst haben, denn ab diesem Zeitpunkt war mir die Aufbauwoche wichtiger als die eigentliche Kirmes. Und beim Circusgastspiel wurde es erst richtig spannend, wenn die Trillerpfeife des Zeltmeisters zum Abbau ertönte. Thomas Wendler, der Sohn von Heinz und mittlerweile ein guter Kumpel, kennt diese Geschichte vermutlich schon auswendig. Etwa zur gleichen Zeit gastierte auch der Circus Williams-Althoff in Iserlohn und natürlich gehörte der Besuch einer Vorstellung wieder zum Pflichtprogramm für meinen Vater und mich. Als wir damals die Fußgängerbrücke vom Parkplatz zum Festplatz am Seilersee überquerten und ich einen ersten freien Blick auf das weitläufige Circusareal bekam, war die Vorfreude dann schnell verflogen.. Die moderne Technik, die mich beim Schausteller Wendler noch fasziniert hatte, hatte nämlich inzwischen auch beim Circus Einzug gehalten. Und das passte mir damals aber gar nicht. Franz Althoff hatte seinerzeit den genormten Container als ideales Transportmittel erkannt und transportierte sein komplettes Großunternehmen ausschließlich in den, zwar schön bemalten aber doch sehr schlichten, eckigen Transportbehältern. Trotz des hervorragenden Programms ärgerte ich mich noch tagelang darüber, keine alten Circuswagen gesehen zu haben, auf die ich mich doch so gefreut und die ich eigentlich erwartet hatte.

Solche Überraschungen erlebte man zu meiner Jugendzeit noch häufiger, es gab ja schließlich noch kein Internet als schnelle Informationsquelle. Heute und mit dem aktuellen Wissen über das Unternehmen, ärgert mich vielmehr, dass ich nur wenige eigene Fotos von diesem Circus besitze, dessen Direktor in der Branche und wegen der Container, „Kisten-Franz" genannt wurde. Im Laufe meiner Jugend sah ich noch viele andere Betriebe, sei es auf den Kirmesplätzen oder bei Circusunternehmen, die ich zwar im Kopf abgespeichert aber leider nie auf Papier festgehalten habe. Mit dem Fotografieren habe ich tatsächlich erst zum Ende der 1980er Jahre angefangen, und das leider zunächst auch nur in homöopathischen Dosen. Während der Schul- und Ausbildungszeit interessierte man sich noch für andere Dinge und, nebenbei bemerkt, musste man vor dem Druck auf den Auslöser ja erst einmal überlegen, ob das mitgeführte Filmmaterial mit genau diesem Fotoobjekt tatsächlich auch sinnvoll genutzt wird. In einigen Fällen hatte ich aber das Glück, dass Fahrzeuge, die ich damals einfach „übersehen" habe und die ich schon fast vergessen hatte, plötzlich wieder auf dem Festplatz standen. Der Grund dafür ist, dass das Reisegewerbe, zu dem die Schausteller- und Circusunternehmen, aber z.B. auch Marionetten- oder Puppentheater sowie Festzeltbetriebe zählen, ihre Fahrzeuge oftmals speziell dem Betrieb anpassen und deshalb schon über längere Zeiträume einsetzen, den Wert durchaus schätzen und die Pflege dementsprechend hoch ausfällt Die geringe Jahreskilometerleistung kleinerer Betriebe ist dabei natürlich auch von Vorteil.

Da sich in meinem Fotoarchiv über die weiteren Jahre aber doch so einiges an Bildmaterial angesammelt hat, habe ich mich zu diesem Buchprojekt entschlossen. Neben den ausgewählten Abbildungen der Fahrzeuge möchte ich Ihnen, liebe Leserin, lieber Leser, in den jeweiligen Bildbeschreibungen ein wenig Hintergrundwissen zum besonderen Einsatzbereich vermitteln. Da sich bei den Reisegewerbebetrieben neben den Zugmaschinen, an diese Fahrzeugart denkt man richtigerweise ja als erstes, natürlich auch noch das eine oder andere besondere Kraftfahrzeug bewegt, musste ich die erste Idee, alles in einem Buch zu zeigen, recht schnell wieder verwerfen. In diesem ersten Band werde ich nachfolgend die Zugmaschinen auf LKW-Basis, von der zweiachsigen bis zur fünfachsigen Ausführung, recht ausführlich behandeln. Im zweiten Band widme ich mich dann den Traktoren, Gabelstaplern, Kranwagen und sonstigen Fahrzeugen, die rund um das Karussell, hinter der Manege oder neben dem Festzelt im Einsatz sind. Grundsätzlich möchte ich die Fahrzeuge so zeigen, wie ich sie bei der Arbeit beobachten konnte. Da gehören durchpflügte Festwiesen, nasses Sägemehl, weggeworfene Getränkedosen oder der unaufgeräumte Hintergrund einfach dazu, denn wenn die bunten Lichter erloschen und die letzten Musikstücke verstummt sind, wird das Festgelände zur großen Baustelle.

Alle technischen Daten zu den abgebildeten Fahrzeugen beruhen auf den Informationen der Besitzer, den angebrachten Typenschildern und den entsprechenden technischen Hinweisen der Hersteller. Leider konnten trotz mehrfacher Bemühungen nicht alle Fahrzeugdaten ermittelt werden. Bei der enormen Anzahl an Kombinationsmöglichkeiten von Fahrgestellen und Aufbauten kann ich natürlich nur einen Ausschnitt der Vielfalt, ohne einen Anspruch auf Vollständigkeit, von Zugmaschinen & Co. zeigen. Ich hoffe aber trotzdem, dass Ihnen dieses Buch gefällt und ich Ihnen als Leserin und als Leser auf den folgenden Seiten die oftmals versteckt abgestellte Technik in Bild und Wort ein wenig näherbringen kann. Neben den Daten und Zahlen möchte ich aber auch von den Menschen hinter den Kulissen erzählen, die mit persönlichem Mut und unermüdlichem Einsatz dafür sorgen, dass das Publikum zumindest für einen Moment wieder lachen und die Alltagssorgen vergessen kann und bei denen ich in den vergangenen Jahrzehnten sehr schöne, manchmal aber auch traurige Momente erleben konnte. "The Show Must Go On" gilt ausnahmslos in diesem Gewerbe und für die Menschen, die dort arbeiten, auch dann, wenn das persönliche Schicksal gerade mal wieder gnadenlos zuschlägt. Ich habe in der Vergangenheit zu einigen dieser Menschen enge Freundschaften geschlossen und musste für ein Gespräch oftmals weite Wege überwinden. Ich durfte mich aber in der vergangenen Zeit auch hinter vielen Zäunen frei bewegen und während der Vorstellungen im Sattelgang stehen. Ich habe als Teenager in der Vorstellungspause geholfen, den Zentralkäfig für die Löwen aufzubauen und konnte als Dank den Raubtieren ganz nah sein. Ich habe Freunden bei akutem Personalmangel dabei geholfen, dass Bratwurst, Pizza oder Mandeln trotzdem über die Theke gingen. Als Fahrer beim Transport wurde mir allzu oft auch der Wagen anvertraut, ohne den es eben nicht weitergehen würde. Ich musste über die letzten Jahre aber auch mit ansehen, wie der klassische Circus sich immer mehr zum Varieté entwickelt hat, weil selbsternannte Tierschützer ein reibungsloses Gastspiel fast unmöglich machen und sich grandiose Tierlehrer wie Alexander Lacey, um nur einen Namen zu nennen, aus der Manege verabschieden. Ich musste hautnah erleben, wie ein Virus ein komplettes Gewerbe lahmlegt und spielbereite Circus- und Schaustellerbetriebe alles wieder verladen mussten, ohne nur ein einziges Mal die Kasse geöffnet zu haben. All diese Erlebnisse werde ich wohl nicht vergessen, den Großteil möchte ich aber nicht missen und hierfür bin ich sehr dankbar.

Besonders möchte ich mich aber bei meiner Familie und bei meinen Freunden bedanken, die mich bei den Arbeiten zu diesem Buch unterstützt haben. Bei meiner Frau Yvonne und meinem Sohn Finn für das Verständnis, wenn ich wieder mal unterwegs bin, fürs „einfach da sein“ und bei Finn zusätzlich für die durchgeführten Testfahrten. Bei meinem Kumpel Axel für den Einsatz als Computerdoc, bei Daniel Paff und Markus Wassmuth für die Unterstützung als Telefon- oder 50/50-Joker, bei Edeltraut für die tolle Verpflegung und die Hilfe beim Muskelkrampf sowie bei Hinni für die Voreinstellung der optimalen Sitzposition und die aufopferungsvolle Rettung, als ich mit der Front über das Wagendach gerauscht bin. Vielen Dank auch an Dieter Martin für die Zeit, die wir gemeinsam auf so vielen Circusplätzen verbracht haben sowie an die anderen, hier namentlich ungenannten aber trotzdem, unentbehrlichen Freunde und Bekannte, die mich teilweise schon eine gefühlte Ewigkeit bei meinem Hobby begleiten und mir mit ihrem Wissen gerne zur Verfügung standen. Last but not least gilt mein Dank natürlich allen Fahrzeugbesitzern, die trotz Stress ein „offenes Ohr“ hatten und meine Fragen gerne beantworteten.

Und nun hochverehrtes Publikum, Manege frei – das Spiel beginnt!

Zweiachs-Zugmaschinen

Zweiachs-Zugmaschinen von DAF

DAF FT 2500 (4x2) des niederländischen National Circus Herman Renz. Der aufgesattelte, amerikanische Wohnauflieger, Royals International 5th-Wheel Camper stammt aus Millersburg, India (USA). 5th-Wheel Camper, was frei übersetzt „das fünfte Rad am Wagen" bedeutet, werden in den USA meistens mit einem Pick-up gezogen und als Auflieger angeboten. Die als Zentralachsanhänger mit bis zu drei Achsen hergestellten Typen werden im Heimatland einfach als Camper bezeichnet. In Europa bieten diese rollenden Behausungen, die von Schaustellern einfach nur „Ami" genannt werden, deutlich mehr Platz als ein Campinganhänger und sind preislich günstiger als ein in Handarbeit hergestellter Wohnwagen ...

... wie dieses Exemplar des Herstellers Mack aus Waldkirch, hinter dem DAF FT 2800 (4x2) des Iserlohner Schaustellers Heinz Wendler. Schon Anfang der 1980er Jahre, als die meisten Zugmaschinen auf den Festplätzen noch eine fest aufgebaute Ballastpritsche besaßen, nutzte Wendler schon ein Wechselaufbausystem und konnte so die Anzahl der notwendigen Transporte, beim damals neu angeschafften „Schlager-Express" des italienischen Herstellers Cosmont, auf zwei reduzieren. Bei dieser Abbildung ist die DAF mit dem aufgebrückten Personalcontainer sowie in einem neuen Farbton zu sehen, der das herstellertypische Braun-Gelb ablöste.

Mittlerweile gehört der Wechselaufbau eigentlich zur Standardausstattung und wird sehr vielseitig genutzt. Mit der DAF FT 95.360 Space Cab (SC) (4x2) Zugmaschine des niederländischen Schaustellerbetriebs Hoefnagels-Denies & Zn. wird bei dieser Transportfahrt der aufgebrückte Material/Werkstattcontainer sowie der Rückwandwagen des Booster Maxxx Fahrgeschäfts zur nächsten Veranstaltung umgesetzt. Hinter der bunten Rückwand verstecken sich übrigens die Unterkünfte des Personals.

Die leichte LF Baureihe von DAF ist als Zugmaschine in Deutschland eher selten anzutreffen. Der beim Schaustellerbetrieb von Halle eingesetzte Exot FT LF 55.280 (4x2) mit 280 PS Motorleistung und dem flachen Fernverkehrsfahrerhaus besitzt, neben einer höhenverstellbaren Sattelkupplung und Twistlocktraversen zur Aufnahme einer Wechselpritsche, natürlich auch die notwendige Anhängerkupplung am Heck.

Mit einem leistungsfähigen Palfinger Ladekran am Heck ist dieser DAF FT CF 85.410 (4x2) des Schaustellerbetriebes Fried ausgestattet. Die Familie Friedt dürfte vielen Lesern aber eher unter dem Namen „Zum Schinderhannes" und für die hervorragenden, auf Buchenholz gegrillten, Schweinenacken-Steaks bekannt sein, die unter anderem in dieser, hier bereits angehängten und transportbereiten, „Schinderhannes-Hütte" zubereitet und verkauft werden. Dieser bei Dietz Fahrzeugbau, als absetzbarer Container konstruierte Verkaufswagen wurde erst im Jahre 2021 in Betrieb genommen. Bei den Montagearbeiten leistet der Palfinger PK 14002-EH in der Ausführung D und mit vorhandener Hubwinde wertvolle Hilfe. Mit den fünf hydraulischen Ausschüben können noch 630 kg Last bei 14,60 Meter gestreckter Auslage gehoben werden.

Mit mehreren Fahrgeschäften ist der niederländische Schaustellerbetrieb Buwalda auf der Reise. Zum Transport der meist auf Sattelauflieger verladenen Attraktionen dient unter anderem diese DAF XF 530 FT Super Space Cab (SSC) (4x2) Sattelzugmaschine.

Auch William Brinksma, Besitzer dieser DAF XF 530 FT Super Space Cab (4x2), kommt aus den Niederlanden, ist aber regelmäßig auf deutschen Festplätzen zu Gast. Die mit einer absetzbaren Kofferbrücke ballastierte Zugmaschine, zieht das Ausspielungsgeschäft „Pirates oft the Caribbean", das als absetzbarer Container konstruiert und mit Spielautomaten bestückt ist.

Zweiachs – Zugmaschinen von Ford

Zum Zeitpunkt der Aufnahme, im Jahre 2012, wurde diese Ford Cargo 0915 mit 9.000 kg zulässigem Gesamtgewicht und 150 PS Motorleistung noch beim Schaustellerbetrieb von Oscar Cronenberg aus Grevenbroich eingesetzt. Mit einem absetzbaren Kofferaufbau beladen, wurde damals einer der Packwagen des 6-Säulen Autoskooters „Formel 1 Treff" zum nächsten Festplatz gezogen. Da die Ladung dieses Anhängers aus den Fahrbahnplatten der Anlage bestand, handelte es sich um einen sogenannten Plattenwagen, der als Besonderheit an den Seiten und am Heck mit Planen verschlossen wurde. Die Fahrbahnplatten bestehen bei Skootern aus dieser Bauzeit in der Regel aus Holzplatten, die mit Stahlblech beplankt sind und bei Maßen von üblicherweise 2 x 1 Meter ein entsprechendes Gewicht haben. Der Skooter befindet sich mittlerweile nicht mehr im Besitz der Schaustellerfamilie.

Optisch passend zum Teton Homes 5th-Wheel Camper lackiert und mit einem formschönen Aufbau versehen, war in den 1980er Jahren diese Ford Cargo 1317 als Zugmaschine beim Schaustellerbetrieb von Halle aus Großefehn im Einsatz. Das Fahrzeug entsprach der mittelschweren Cargo Baureihe mit einem zulässigen Gesamtgewicht zwischen 11 und 16 Tonnen und war mit dem 170 PS leistenden KHD V6 Motor ausgerüstet. Da Ford bei den Typenangaben der Sattelzugmaschinen stets das zulässige Gesamtzuggewicht von 20xx bis 40xx den Motorleistungen vorangestellt hat, dürfte es sich bei dieser Zugmaschine zur Auslieferung um ein LKW Fahrgestell gehandelt haben. *Rechts:* Der Schausteller Richard Kalbfleisch aus Butzbach nutzte zum Transport und zur Montage seines Riesenrades diese Ford Transcontinental 4435 (4x2) Zugmaschine. Die 352 PS Leistung lieferte ein 14 Liter Cummins 6-Zylinder Turbodieselmotor, der vor allem für seine Trinkfreuden bekannt war. Am Heck war ein Tirre Ladekran montiert, der mit zwei Knickarmzylindern und einer Vierpunktabstützung ausgestattet war.

Zweiachs – Zugmaschinen von Henschel und Hanomag-Henschel

Ende der 1990er Jahre war dieser Henschel HS 16 (4x2) sogar noch im Einsatz. Ausgestattet mit einer Sonnenblende, die vermutlich einem Mercedes NG entliehen wurde, einer selbst konstruierten Bugschürze, auffälligem Streifendekor und weiteren Anbauteilen, entdeckte ich das Fahrzeug versteckt auf einem Abstellplatz in Ostwestfalen.Der Heckkran hatte zum Zeitpunkt der Aufnahme augenscheinlich schon einige Betriebsstunden geleistet.

Relativ lange waren auch die rechts abgebildete Hanomag-Henschel F 161 (4x2) und die unten zu sehende F 163 (4x2) Zugmaschine vom Schaustellerbetrieb Köhrmann aus Nienburg aktiv mit auf Tour. Das Foto mit dem Rückwandwagen des Fahrgeschäfts „Fliegender Teppich" aus den Hallen der Firma Zierer Karussell- und Spezialmaschinenbau entstand im Jahre 2001. Beide Zugmaschinen sind übrigens noch heute im Besitz der Schaustellerfamilie, werden gehegt und gepflegt und somit der Nachwelt erhalten.

Zweiachs–Zugmaschinen von Magirus, Fiat und Iveco

Seit Jahrzehnten befasst sich die Familie um Helmut Lönne aus Oelde-Lette mit der Vermietung von Festzelten und dem notwendigen Zubehör. Sohn Kevin restaurierte neben weiteren alten LKW diese wunderschöne Magirus-Deutz Mercur 125 Zugmaschine aus dem Jahre 1961. Mit dem passenden, dreiachsigen Plattformanhänger ist das Gespann trotz Regen auf einer Ausfahrt unterwegs.

Trotz Bulldogge und Mack Schriftzug auf der Motorhaube handelt es sich bei dieser, im Dickicht geparkten, Sattelzugmaschine um einen Eckhauber der 2. Generation (vermutlich Bauabschnitt IX, 1975-1981). Die kurze Haubenlänge verrät, dass hier ein Fahrzeug mit der kleinsten Motorisierungs-Variante, dem 6-Zylinder Motor, zu sehen ist. Der Schausteller Martin Blume setzte diese Zugmaschine allerdings auch nur vor einem leichten 5th-Wheel Camper, dem sogenannten Ami ein.

Die Baubullen im Zebra-Look waren lange Zeit die Zugpferde des Circus Barum. Laut Typenschild handelt es sich bei diesem Fahrzeug um einen 190-25 AN (4x2) mit luftgekühltem V8 Motor (Bauabschnitt X, 1982-1993). Im angehängten, vom Fahrzeugbau Mack gefertigten Tonnendachwagen mit der Nummer 31 war das Pressebüro beheimatet.

In dem Anhänger mit der Nummer 120, hinter dem Iveco 190-26 N (4x2), wurden dann tatsächlich die lebenden Zebras zum neuen Gastspielort transportiert.

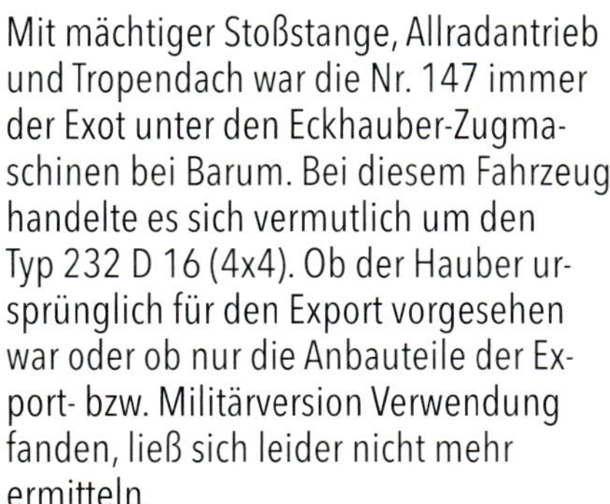

Mit mächtiger Stoßstange, Allradantrieb und Tropendach war die Nr. 147 immer der Exot unter den Eckhauber-Zugmaschinen bei Barum. Bei diesem Fahrzeug handelte es sich vermutlich um den Typ 232 D 16 (4x4). Ob der Hauber ursprünglich für den Export vorgesehen war oder ob nur die Anbauteile der Export- bzw. Militärversion Verwendung fanden, ließ sich leider nicht mehr ermitteln.

Für das üppig ausgefallene Zubehör, die Iveco Schriftzüge und Typenschilder sowie die auffällige Lackierung war noch der Vorbesitzer verantwortlich, der Schausteller Willi Schäfer aus Heinsberg. Als sein Berufskollege Strothenke die 3d-Filmbahn Picture-Shuttle übernahm, wechselte auch die unter Kirmesfans bekannte Magirus Zugmaschine mit dem heckmontierten Ladekran ihren Besitzer.

Oben links: Im Jahr 2014 war diese 310er Magirus Eckhauber-Zugmaschine eines Schaustellerbetriebs aus dem Wetteraukreis noch aktiv im Einsatz. Ob es sich dabei um die 16 t oder die 19 t Ausführung handelte, entzieht sich leider meiner Kenntnis.

Oben rechts: Um die Transporte des „Kettenfliegers" zu transportieren, nutzt der Schausteller Rolf Fuhrmann aus Wuppertal auch aktuell noch diese 1978 gebaute Magirus 270 D 16 (4x2) Zugmaschine.

Links: Diese Iveco 190-30 AN (4x2) wurde über viele Jahre im Schaustellerbetrieb von Harry Bruch aus Düsseldorf eingesetzt. Die Sattelzugmaschine, die auf diesem Bild aus dem Jahre 2012 mit einer aufgesattelten Ballastpritsche zu sehen ist, wurde mittlerweile an einen Berufskollegen verkauft und ist weiterhin auf Festplätzen unterwegs.

Die Ennepetaler Schaustellerbetriebe Gebrüder Alexius waren lange Zeit treue Magirus und später auch Iveco Kunden. Diese Magirus 310 D 16 HS (4x2) Zugmaschine mit kräftigem V 10 Triebwerk wurde beim „Musik-Skooter" eingesetzt und trug ein Wechselaufbausystem.

Mit Übernahme des „Schlager-Express" von Heinz Wendler wechselten auch die zwei vorhandenen Wechselkoffer der DAF 2800 zur Firma Alexius. Diese Iveco der T-Baureihe war mit dem „Schlager-Express" auf Tour, wurde deshalb mit dem notwendigen Wechselrahmen ausgestattet und zusätzlich sogar noch mit Zubehör der späteren Iveco Baureihen „gefaceliftet".

Zurück zum Autoskooter. Auch beim Aufbau dieser Iveco Turbo-Star 190-36 (4x2) handelte es sich um ein Wechselrahmensystem. Der aufgebrückte Kofferaufbau ist am Rahmenende zusätzlich noch mit einem Palfinger Ladekran ausgerüstet und befindet sich immer noch im Besitz des Schaustellerbetriebs.

Diese Euro Star 440E47 T/P (4x2) war die letzte Zugmaschine aus dem Hause Iveco bei Alexius und selbstverständlich ebenfalls mit Wechselaufbausystem ausgerüstet. Die Zugmaschine ist aktuell beim Hagener Schaustellerbetrieb Prell im Einsatz.

Mit diesem Bild gehe ich in der Zeitachse nochmal ein wenig zurück. Die mit einem Meiller Ladekran ausgerüstete Zugmaschine der Magirus D-Baureihe wurde bei den Gebrüdern Alexius noch mit fester Ballastpritsche eingesetzt.

Auch diese Magirus 232 D 13 (4x2) Zugmaschine des Schaustellers Rudolf Isken ist leider schon lange von den Festplätzen verschwunden. Der aus Dortmund stammende Schaustellerbetrieb ist aber, wie zum Zeitpunkt der Aufnahme aus den 1990er Jahren, immer noch mit einem Autoskooter auf den Festplätzen unterwegs.

Diese Magirus 232 D 16 FA (4x4) stand zum Zeitpunkt der Aufnahme im Jahr 1993 leider sehr schlecht im Licht. Trotzdem möchte ich dieses Fahrzeug des eher kleinen Familiencircus Holiday hier zeigen. Als Besonderheit verfügte die Zugmaschine, neben dem Allradantrieb, zusätzlich noch über eine Rahmenseilwinde. Die Seildurchführung kann man an der Frontstoßstange erkennen.

Badbergen ist die Heimat der Schaustellerbetriebe Piontek, die diese Magirus 310 D 16 FA (4x4) Sattelzugmaschine noch bis Anfang der 2000er Jahre einsetzten. Hinter dem Fahrerhaus war ein Hiab 100 Ladekran zur Montage der Fahrgeschäfte aufgebaut.

Vor über zwanzig Jahren habe ich diese Magirus-Deutz 192 M 14 (4x2) Zugmaschine fotografiert. Das Fahrzeug ist mit dem 1977/78 von Iveco eingeführten Fahrerhaus der mittelschweren MK-Baureihe (M14-M16, 14-16 Tonnen) ausgestattet.

Diese 192 M 14 (4x2) Zugmaschine des Schaustellerbetriebes Heppenheimer aus Landshut konnte ich im Jahre 2015 auf einem bayerischen Festplatz ablichten. In diesem Pflegezustand findet man vermutlich nur noch sehr wenige Fahrzeuge der mittelschweren MK-Baureihe.

Leichte MK-Baureihe von Iveco mit dem Viererclub Fahrerhaus. Interessantes Detail dieser 135 PS starken Iveco 80-13 ist die an der Front unterhalb der Maulkupplung montierte Kugelkopfausführung. Für Rangierzwecke können so alle Anhängervarianten „auf die Schnauze" genommen werden.

Nach modernen Rundfahrgeschäften wie dem „La Bostella" oder dem „Monster", konzentrierte sich der Schwerter Schausteller Adolf Hirsch auf das Betreiben eines opulenten Kinderfahrgeschäftes, der Doppel-8-Schleife „Truck-Stop". Für Transport und Montage wurde lange Zeit diese 320 PS (V10) starke Magirus-Deutz 320 M 19 (4x2) der schweren MK-Baureihe (M19-M26) eingesetzt, die am Heck über einen kräftigen Ladekran verfügte und stets tadellos gepflegt wurde.

Die Ablösung konnte vom Schaustellerbetrieb Bonner übernommen werden. Die Besonderheit dieser Iveco T 190-36 (4x2) Zugmaschine ist die Dachschlafkabine auf dem Fahrerhaus, die sonst eher bei Großraum-Volumen LKW Verwendung findet. Für Hubarbeiten steht ein Palfinger PK 24500 Ladekran mit Vierpunktabstützung zur Verfügung, der eine Reichweite von 10,1 Meter über drei hydraulische Ausschübe erreicht. Gestreckt hebt der Kran dort dann noch 2.110 kg an Last.

Top gepflegt und in frischem Lack, aber leider ohne Hinweis auf den genauen Typ, zeigt sich diese Zugmaschine der Iveco T-Baureihe. Mit Einführung dieser Baureihe in den 1980er Jahren wurde auch der große Iveco Schriftzug in der Kühlergrillmitte positioniert.

Von 1990 bis 1998 reisten die Schausteller Thomas Schneider und Franz Bruch mit der bei der Maschinenfabrik Huss in Bremen gebauten Überschlagschaukel „Colorado Rafting“. Für Transport und Montage nutzten sie diese Turbo Star 190-42 (4x2) Kranmaschine. Der am Heck aufgebaute MKG Ladekran war mit einer Vierpunktabstützung und mit hydraulischer Hubwinde ausgerüstet.

Beim Circus Barum wurde in den 1990er Jahren ein Teil der Hauberfahrzeuge durch Turbo Star 190-33 (4x2) ersetzt. Die 330 PS starken Zugmaschinen wurden allesamt mit identischen Aufbauten, die aus Ballastpritsche und Werkzeugfach bestanden, ausgerüstet sowie im typischen Zebra-Look lackiert.

Ausschließlich für den Einsatz als Sattelzugmaschine wurde 2007 bei Barum noch diese Iveco Euro Tech Cursor 350 (4x2) in Betrieb genommen. Knapp zwei Jahre später beendete der Circusdirektor Gerd Siemoneit die Geschichte des Circus Barum und die rollenden Zebras verschwanden leider von den Festplätzen.

Ebenfalls bei Huss in Bremen gebaut wurden die Rundfahrgeschäfte vom Typ Breakdance, die in verschiedenen Größen und Varianten auf Festplätzen zu finden sind. Der in Witten beheimatete Schaustellerbetrieb Bonner betreibt gleich zwei Anlagen. Den „Breakdance No. 1" mit 16 Gondeln und den mit 24 Gondeln größeren Karussellbruder „Breakdance No. 2", von dem es in Deutschland nur drei reisende Exemplare gibt. Der Breakdance No. 2 Mittelbauwagen, dessen Fahrwerke übrigens von der Firma Goldhofer zugeliefert wurden, ist hier hinter der 480 PS starken Turbo Star 190-48 (4x2) zu sehen. Diese Zugmaschine ist glücklicherweise immer noch im Besitz der Familie Bonner und wird gut behütet der Nachwelt erhalten.

Da die Familie Bonner ein treuer Iveco Kunde ist, findet man mittlerweile im Fuhrpark auch Fahrzeuge der Stralis Baureihe, wie diese 500 PS starke AS 440 S 50 (4x2) (links) oder die Stralis AT 400 Hi-Road (4x2) (rechts). Der montierte Palfinger PK 19.001 SLD5 Heckkran, mit fünf hydraulischen Ausschüben, sorgt für eine reibungslose Montage des „Breakdance No.1", bei dem diese Zugmaschine vorrangig eingesetzt wird. Gestreckt hebt dieser Ladekran noch 950 kg bei 14,70 Meter Auslage.

Die Iveco Stralis AS 460 Hi-Way (4x2) ist mit Lowliner Bereifung ausgerüstet, die im Sattelbetrieb eine niedrige Aufsattelhöhe garantiert und beim Vorbesitzer vermutlich notwendig war. Da die Familie Däbritz-Weber aus Herne mit Imbissbetrieben reist und die Zugmaschine vor Anhängern einsetzt, wurde bei Obermann Fahrzeugbau ein fester Kofferaufbau auf das Fahrgestell montiert.

Die Geisterbahn „Scary House" wurde von einem tschechischen Schausteller gebaut und ging im Jahr 2014 in ihrem Heimatland auf die Reise. Nach nur einem Jahr übernahm sie der Schausteller Harry Hansla aus Wiefelstede und präsentierte die Anlage ab 2016 auf deutschen Festplätzen. Für den Transport des 3-Achs Mittelbauaufliegers setzt Hansla eine Iveco Stralis AS 440 S 50 (4x2) ein.

Zweiachs – Zugmaschinen von MAN

Diese MAN 780 HS Kurzhauber-Zugmaschine des Zeltbetriebes Eickhoff aus Hamm war ausgestattet mit einem sogenannten L (Langarm) Ladekran von Atlas, vermutlich ein AK 3510. Der Arbeitsplatz für den Bediener war an der Kransäule befestigt und schwenkte so bei der Drehbewegung mit.

MAN 16.240 H (4x2) mit einem zulässigen Gesamtgewicht von 16.000 kg und 240 PS Motorleistung des Iserlohner Schaustellers Heinz Wendler. Diese Zugmaschine wurde über viele Jahre am 8-Säuler Autoskooter von Mack eingesetzt und war auf der Pritsche mit großen Mengen Unterpallungsholz beladen. Die ursprünglich in Blautönen lackierte Hauben MAN war zum Zeitpunkt dieser Aufnahme Anfang der 1990er Jahre bereits farblich zur DAF 2800 angepasst worden.

Diese allradgetriebene MAN 16.240 HAS (4x4) des Zeltbetriebs von Bernhard Knippers aus Recklinghausen wurde bis zur Einstellung des Betriebs im Jahre 2013 eingesetzt, um die zahlreichen Anhänger zwischen den Festplätzen zu bewegen. Zusätzlich war die Zugmaschine zur aktiven Zeit mit einem klappbaren Galgen auf der Ladefläche ausgerüstet, über den für Hubarbeiten eine Seilwinde umgelenkt werden konnte. Zum Zeitpunkt dieser Aufnahme, befand sich das Fahrzeug schon im Besitz eines Sammlers und wird so vor dem Export gerettet.

Noch Anfang der 2000er Jahre konnte ich diese Zugmaschine der Nutzfahrzeugkooperation zwischen Saviem aus Frankreich und MAN ablichten. Nach meinen Informationen handelt es sich hierbei um eine 7.90 F mit einem zulässigen Gesamtgewicht von 7.490 kg und 90 PS Motorleistung aus dem Baujahr 1969.

Im Jahr 2015 konnte ich diese wunderschöne MAN F7 Zugmaschine des Schaustellers Hans Feldkamp ablichten, die damals noch für die Transporte eines Imbissbetriebes eingesetzt wurde.

Rechts: Der Auricher Schausteller „Kerli" Werth war mit Imbissbetrieben unterwegs. Er nutzte in den 1980ern diese 15.200 FS (4x2) Zugmaschine mit der zeitgenössischen Cornett Sonnenblende.

Mitte: Zur Montage des 1987 von Huss erworbenen Rundfahrgeschäfts „Playball" setzte der Schausteller Wolf Clauß aus München diesen heckmontierten Palfinger Ladekran ein, der auf einer MAN 19.321 (4x2) aufgebaut war. Da dieser Ladekran trotz der vier hydraulischen Ausschübe keine allzu große Reichweite erreichte, wurde er später gegen ein leistungsfähigeres Exemplar ausgetauscht. Der „Playball" (Huss Typ „Flipper") ist übrigens immer noch auf der Reise und wird seit 2017 vom Schaustellerbetrieb Meyer aus Stahnsdorf-Güterfelde betrieben.

Unten: Die „Autos", die auf einem Autoskooter fahren, nennt man umgangssprachlich Chaisen. Folglich werden die für den Transport notwendigen Anhänger auch als Chaisenwagen bezeichnet. Da diese Chaisen in den Transportern auf bis zu drei Ladeebenen transportiert werden, steht am Heck für die Be- und Entladung ein Aufzug zur Verfügung, der mittels Elektrowinde und Drahtseilen bewegt wird. Der Schaustellerbetrieb Kreuser aus Gladenbach setzt diesen von Stork in Soest gebauten Chaisenwagen ein, den ich 2017 hinter einer 19.321 (4x2) Zugmaschine mit Hiab Ladekran auf dem Festplatz in Frankenberg ablichten konnte.

Der in Schwerte an der Ruhr beheimatete Schaustellerbetrieb von Hans-Otto Schäfer ist nicht nur für seine aufwendig gestalteten Fahrgeschäfte bekannt, die quer durch die Republik auf den Veranstaltungen präsentiert werden. Vielen Volksfestfans dürfte auch das Zugmaschinen-Zwillingspärchen bekannt sein, das über viele Jahre für den Transport der Attraktionen zum Einsatz kam. Nach meinen Informationen handelte es sich dabei um 15.192 FS (4x2), die das verlängerte „Möbelverkehr"-Fahrerhaus mit zweiter Sitzreihe besaßen.

Die beiden Zugmaschinen mussten bei den Schäfers immer volle Leistung bringen. Mit nicht gerade üppiger Motorleistung von knapp unter 200 PS und Gottwald/Saviem Autokran auf dem angehängten Heuser TA 30 Tieflader konnten Steigungen schon mal durchaus lang werden. Unterscheiden konnte man die „Kraftprotze" eigentlich nur an den Kennzeichen, die übrigens noch auf den alten Kreis Iserlohn hinwiesen.

Noch mit Lenkradschaltung und dem kräftigen 320 PS V10-Motor sowie Allradantrieb war die MAN 19.320 FAS (4x4) Zugmaschine des Dortmunder Schaustellerbetriebes von Heinz-Dieter Mennecke ausgerüstet. Der aufgebaute Palfinger PK 17500 Kran in der Ausführung B verfügt über drei hydraulische Ausschübe mit einer gestreckten Auslage von 10,30 Metern. Dort hebt der mittlerweile auf eine MAN TGA umgesetzte Ladekran immer noch 1.500 kg.

Dieses wunderschöne Gespann, bestehend aus einer MAN 16.320 FS (4x2) Sattelzugmaschine und einem Wohnauflieger, konnte man in den 1990er Jahren noch auf einigen Festplätzen bewundern.

Die „Aachener-Schnellküche“ der Schaustellerfamilie Fuhrmann verlässt den Aachener Festplatz. Gezogen von einer, mit allerlei Zubehör ausgestatteten, 16.256 FS (4x2) Zugmaschine im auffälligen „Trucker-Outfit“ der 1980er Jahre.

Zum Ziehen des „Amis“, also des 5th-Wheel Campers, wurde beim Düsseldorfer Schaustellerbetrieb Wilmering diese MAN 14.192 FS (4x2) der F 8 Baureihe eingesetzt. Durch den für die amerikanischen Wohnauflieger typischen kurzen Überhang nach vorne ist hinter dem Fahrerhaus noch Platz für einen kurzen Koffer für Ver- und Entsorgungsschläuche, Stromkabel usw.

Bis in die Saison 2016 war die aus Bad Kreuznach stammende Schaustellerfamilie Rohleder mit der mobilen Kartbahn „Europa-Ring“ auf der Reise. Für die Transporte, der auf einer Stahl-, Holzkonstruktion basierenden, von der Karussellbaufirma Mack aus Waldkirch gebauten und ca. 170 m langen „Rennstrecke“, wurde diese MAN 15.220 (4x2) genutzt.

Oben: „Der Circus kommt" und als einer der ersten Transporte wird der Mastenwagen zum Festplatz gebracht. Gezogen wird der mit den Zeltmasten, Sturm- und Rondellstangen beladene Anhänger von der dienstältesten, gleichwohl sehr gepflegten MAN Zugmaschine im Hause Roncalli, einer 19.321 FS (4x2).

Mitte: Diese MAN 19.331 FA (4x4) Zugmaschine gehörte zum Fuhrpark der Schaustellerfamilie Bügler aus Kreuzau und war zum Zeitpunkt der Aufnahme mit der Gaudi Schaukel, einer Riesenschaukel des Typs Wikinger aus den Werkshallen der Karussellfabrik Zierer unterwegs. Neben Allradantrieb verfügte die Zugmaschine über einen Palfinger PK 12.000 B Ladekran, der bei 10,20 Meter gestreckter Auslage 980 kg heben konnte.

Unten: Der Fuhrpark des in Remscheid beheimateten Schaustellerbetriebes von Frank Schmidt zeigt sich stets gepflegt und seit Jahren unverändert in einem klassisch braun-beigen Farbkleid. Die mittlerweile durch eine TGA abgelöste MAN 19.321 (4x2) ...

... die immer noch aktive 19.362 (4x2) der 1986 eingeführten F 90 Baureihe mit dem Mittelbauwagen des Kinder-Karussells „Orient-Zauber" vom Hersteller Dietz-Fahrzeugbau ...

... und die 19.372 (4x2) mit dem sogenannten Aeropaket. Beim Anblick dieser Zugmaschinen merkt man sofort, welchen Stellenwert der Fuhrpark bei dem Familienbetrieb genießt. Der von Mack gebaute Kassenwagen sowie der kurze Bensmann Packwagen für die Dekorationsteile des „Drive In" Skooters werden auch aktuell immer noch als Doppelgespann umgesetzt.

Diese MAN F 90 19.362 (4x2) des Schaustellerbetriebes Dreher-Vespermann aus Bremen ist hauptsächlich mit dem kleinen „Break Dancer No. 1" auf Tour. Der festmontierte Plattformaufbau verfügt über Twist-Lock Verschlüsse und kann diverse Container aufnehmen. In diesem Fall ist ein Personalcontainer verladen. Die Frontstoßstange in klassisch, rot-weiß gestreifter Warnlackierung stammt von der F 2000 Baureihe.

Auch der in Schkeuditz beheimatete Schaustellerbetrieb von Camillo Franzelius tourt mit einem Huss Breakdancer, dem „Breakdancer No.1", über die Festplätze. Diese Aufnahme entstand im Frühjahr 2022, als die MAN 19.372 (4x2) mit dem Fahrstand auf der Ballastpritsche und mit angehängtem Mittelbauwagen den Festplatz in Braunschweig verließ. Bei dieser Zugmaschine wurde neben der Stoßstange auch die Frontklappe der F 2000 Evolution Baureihe angebaut.

Bei der 19.362 (4x2) des Circus Roncalli kann man am überstehenden Kotflügel bzw. Einstieg das schmale Fernverkehrsfahrerhaus mit 2.280 mm Außenbreite erkennen. Auch bei diesem Fahrzeug wurden bei einer Reparatur die Frontklappe und der Kühlergrill der F 2000 Evolution anstelle der originalen Teile angebaut.

Im Gegensatz zur schweren F 90 Baureihe war das schmale Fernverkehrsfahrerhaus bei der mittelschweren M 90 Baureihe das Maß aller Dinge und die größte, wählbare Version. Diese 14.232 (4x2) war mit einer festen Ballastpritsche ausgerüstet und wurde ursprünglich am „Mini-Scooter" des Schaustellers Georg Schultz aus Homburg Saar eingesetzt. Zum Zeitpunkt der Aufnahme im Jahr 2016 wurde die Zugmaschine allerdings schon vom Bruder Charly Schultz genutzt, der als durchaus bekannter Profiboxer mit dem „Fight Club", einer umgangssprachlich als Boxbude bezeichnete Schaubude, unterwegs ist.

Als der Mittelbauwagen des „Frankfurter Wellenflug" von Ludwig und Thomas Roie im Jahre 1990 die Werkhallen der Firma Zierer Karussellbau im Bayerischen Deggendorf verließ, rollte der Anhänger noch auf zwei Achsen. Nach einem erfolgten Umbau auf aktuelle Anforderungen und Sicherheitsstandards bei Gloria Fahrzeugbau in Grevenbroich hat sich die Anzahl auf vier verdoppelt. Als Zugmaschine wird diese F 90 19.422 (4x2) genutzt, die mit dem am Heck aufgebauten Hiab 100 AW Ladekran auch die anfallenden Hubarbeiten übernimmt. Die F 2000 Evolution Frontgestaltung am breiten Fernverkehrsfahrerhaus sorgt bei dieser Zugmaschine für ein „jüngeres" Aussehen.

Die Sohle, das Podium, die Fahrbahnplatten sowie der von den Säulen getragene Dachstuhl eines Autoskooters wird als Halle bezeichnet. Bevor moderne, auf einem (sog. 2-Säuler) oder sogar zwei Mittelbauwagen (4-Säuler) basierende Skooterhallen auf die Reise gingen, mussten die Konstruktionen für den Transport noch in viele Einzelteile zerlegt werden. In der Vergangenheit wurde der Transport dann mit einer, der Größe und Ausstattung entsprechenden Anzahl von Anhängern bewältigt. Die Schaustellerfamilie um Heinz und Thomas Wendler optimierte bereits vor vielen Jahren die Logistik des 8-Säulen Autoskooters von Mack auf eine überschaubare Anzahl von Transporten. Man trennte sich von der Hallenrolle und dem sogenannten Plattenwagen für die Fahrbahn und baute in Eigenleistung und mit handwerklichem Geschick diesen, von einer MAN 19.422 FLS (4x2) gezogenen Goldhofer Tieflader mit einem hydraulischen Hubboden als zweite Ladeebene um.

Die im Jahre 2022 umlackierte Zugmaschine ist bei dieser Abbildung mit einer der vorhandenen Wechselbrücken zu sehen. Auf dieser Plattform werden Teile der Dachfassade verladen und beim Transport mit einem Planenverdeck geschützt. Zum Fuhrpark des aktuell von Thomas Wendler betriebenen „Top Car" Skooters gehören noch der originale Kassen- und ein Chaisenwagen, die beide von Stork Fahrzeugbau in Soest gebaut wurden.

Am Heck der MAN 19.422 (4x2) des Schaustellers Andreas Hoster ist ein Palfinger PK 24000 in der Ausführung E montiert. Die bei diesem Typ vorhandenen sechs hydraulischen Ausschübe erreichen eine gestreckte Länge von 16,80 Meter. Dort kann der mit einer Vierpunktabstützung ausgerüstete Ladekran 930 kg anheben. Zusätzlich steht noch eine hydraulische Hubwinde zur Verfügung. Der dreiachsige Wohnwagen, hinter der erst jüngst technisch und optisch überholten Zugmaschine, stammt von Gloria Fahrzeugbau.

Zu Anfang der 2000er Jahre konnte ich diese, mit dem großen Dachspoiler und seitlichem Windabweiser ausgestattete, F 90 Zugmaschine des Circus Universal Renz vor dem Kassen- und Durchgangswagen des Unternehmens ablichten. Dieser Anhänger wurde vor der Zeit beim Circus von einem Schausteller als Frontwagen eines reisenden Kinos eingesetzt. In den 1980er Jahren waren einige dieser Anlagen, die als „Kinosaal" ein kuppelförmiges Zelt nutzten, als „180° Kino" oder „Cinema 2000" auf den Festplätzen unterwegs. Die Frontwagen machten mit aufwendig gestalteten Fassaden auf die Rundkino-Attraktion aufmerksam und dienten gleichzeitig als Kassen- und Eingangswagen.

Die Familie Eul aus Geldern reist seit 1980 mit einem Mack Musikexpress. Optisch und technisch immer auf dem neuesten Stand ist nicht nur das Rundfahrgeschäft, das aktuell unter dem Namen „Rock Express" betrieben wird, sondern auch der benötigte Fuhrpark. Der von Fahrzeugbau Strempel gebaute und im hinteren Bereich mit Planen verschlossene Packwagen wird von einer 19.362 FLS (4x2) gezogen. Um den hier aufgebrückten Wohnkoffer auf- oder abzusetzen, ist die blatt-, luftgefederte Zugmaschine mit einer pneumatischen Hubschwinge im vorderen Bereich des Wechselrahmens ausgestattet. So wird trotz blattgefederter Vorderachse ein schneller und bequemer Aufbauwechsel ermöglicht. Dieses System findet man häufig bei Fahrzeugen ohne Vollluftfederung.

Auch die zweite MAN Zugmaschine der Familie Eul, eine 19.422 FLS (4x2), ist mit einem Wechselrahmen ausgestattet. Mittlerweile ist dieses Gespann in dieser Form aber schon Geschichte, denn der Mack Mittelbauwagen des „Rock Express" wurde zwischenzeitlich zum Sattelauflieger umgebaut. Diese Art von Umbaumaßnahme ist mittlerweile auch bei einigen anderen Fahrgeschäften dieser Bauart durchgeführt worden. Aufgrund kürzerer Gesamtlänge des Gespanns und eines verringerten Gesamtzuggewichts unterliegen die Fahrzeuge nach dem Eingriff keiner Ausnahme-, bzw. Wegstreckengenehmigung mehr, deren gesetzliche Anforderungen leider immer komplizierter werden. Die aufgebrückte Ballastpritsche beherbergt übrigens noch eine Besonderheit. Als Günter Eul vor vielen Jahren und eher durch Zufall die schwere Seilwinde einer Kaelble Zugmaschine der Deutschen Bahn angeboten wurde, brauchte er nicht lange zu überlegen. Mittig in dieser Pritsche eingebaut, nun über eine elektrische Pumpe angetrieben und mit reichlich vorhandenem Zubehör ausgestattet, wird diese Technik heute noch oft zum Retter in der Not.

Der kräftige V 10 Motor dieser 19.502 FLS (4x2) des Schaustellers Uwe Müller musste sich beim Transport der beiden Roncalli Wagen wohl nicht überanstrengen. Die mittlerweile ausgetauschte Sattelzugmaschine war mit einem Wechselrahmen zur Aufnahme der Ballastpritsche sowie mit dem Aeropaket am Fahrerhaus ausgerüstet.

Hans-Otto Schäfer aus Schwerte setzt auch aktuell noch eine 500er V 10 Zugmaschine für Transporte ein. Das sogenannte Großraumfahrerhaus ist bei dieser 19.502 (4x2) mit dem GFK-Hochdach ausgestattet.

Der heckmontierte Atlas Ladekran AK 5003 V 9,53/2 A 12, auf dieser 19.272 FA (4x4) des Zeltbetriebes Steno aus dem Emsland, ist bauartbedingt sonst eher im Bereich des Baustoffumschlags zu finden. Mit einer Hubkraft von 1.960 kg bei der gestreckten Reichweite von 9.53 Meter wurde dieser Ladekrantyp häufig am Heck von Kalksandstein-Aufliegern montiert um die gesamte Ladefläche mit der Steinzange erreichen zu können. Zur Erweiterung des Arbeitsbereichs wurde am Knickarm dieses Krans, der mit zwei hydraulischen Ausschüben ausgerüstet ist, eine Verlängerung mit einem weiteren, mechanischen Ausschub angebaut. Der interessante, zwillingsbereifte 16 t Plattformanhänger, stammt übrigens vom Fahrzeugbau Wilh. Boeseler aus Oldenburg und ist Baujahr 1961.

Die 19.372 FA (4x4) des Schaustellers Patrick Schneider aus Münster wurde vom Schwertransportunternehmen Josef Bender aus Düsseldorf übernommen und einige Jahre am „Highway No. 1" Autoskooter als Kranmaschine eingesetzt. Der hinter dem Fahrerhaus montierte Atlas AK 4006 Ladekran wurde schon bei der Spedition Bender für Montagearbeiten genutzt. Zusätzlich zur Anhängerkupplung mit 40 mm Bolzendurchmesser war am Rahmenende der allradgetriebenen Zugmaschine eine Schwerlasttraverse mit der entsprechenden Anhängerkupplung (50 mm und Vertikalgelenk) montiert.

Mit Allradantrieb und einem Palfinger Ladekran hinter dem Fahrerhaus, ist diese F 90 19.422 FA (4x4) Zugmaschine des Düsseldorfer Schaustellers Hermann Fellerhoff ausgestattet. Die montierte Hubwinde am PK 17500 erleichtert dabei die Arbeit, denn die Last kann ohne Lageveränderung des Hub- oder Knickarms zügig bewegt werden. Auch Bereiche die mit einem festen Kranhaken nicht direkt anfahrbar sind, können mit dem Windenseil oftmals gut erreicht werden. Der PK 17500 ist in der Ausführung C mit vier hydraulischen Ausschüben ausgestattet die eine Reichweite von 12,1 Meter erreichen und 1.100 kg Last tragen können. Zwei manuelle Ausschübe erweitern den Arbeitsraum auf 16,50 Meter.

Bei dieser allradgetriebenen MAN Zugmaschine des Zeltverleihs Böseler aus Stadland, die ich Ende der 1990er Jahre auf einem norddeutschen Festplatz ablichten konnte, dürfte es sich trotz neuer Frontstoßstange um ein Fahrzeug der F 90 Baureihe gehandelt haben. Typisch für den Einsatz bei einem Zeltbetrieb war der leistungsfähige Ladekran in Form eines Palfinger PK 23080 für die Verlegung der Schwerlastböden. Hierbei handelt es sich um holz-beplankte Stahlrahmen in einer Breite von 2,5 Metern, Längen von 5 bis 10 Metern und Eigengewichten von bis zu 1.000 kg. Die MAN Typenbezeichnung 19.603 lasse ich lieber unkommentiert.

Oben: Bei dieser 19.414 FA (4x4) handelte es sich um ein Fahrzeug der facegelifteten F 2000 Evolution Baureihe, also der letzten Bauserie des F 2000. Hinter dem Fahrerhaus war ein Atlas AK 220.1 Ladekran mit vier hydraulischen Ausschüben, einer Hubwinde und mit Vierpunktabstützung platziert, den die aus Syke stammende Schaustellerfamilie Weber zur Montage der mittlerweile eingelagerten Simulationsanlage „The Game" einsetzte. Bei genauem Blick auf die, mit reichlich „Zierrat" ausgestattete Front kann man die Seildurchführung sowie die angehängte Umlenkrolle der zusätzlich vorhandenen Seilwinde erkennen.

Links: Auch der Palfinger PK 27000 E, auf dem Heck dieser MAN 19.403 F (4x2) der Schaustellerfamilie Markmann, besitzt die Vierpunktabstützung sowie eine Hubwinde für zügige Lastbewegung. Die sechs hydraulischen Ausschübe erreichen gestreckt eine Länge von 16,80 Meter. Maximal werden dort dann noch 1.090 kg angehoben.

MAN 19.463 (4x2) mit heckmontiertem Hiab 200 C 4 Ladekran des Schaustellerbetriebs Eduard Krause aus Bielefeld. Bei einer gestreckten Reichweite der vier hydraulischen Ausschübe von 11,80 Metern hebt der Kran noch ein Gewicht von 1.310 kg. Der angehängte Packwagen mit Tonnendach wurde bei Stork in Soest gebaut und gehörte früher zum Fuhrpark des Mack „Musik-Express", wurde aber von einem Vierachs-LKW abgelöst. Dieses Fahrzeug werde ich im Band II noch näher vorstellen.

Diese 19.343 FLS (4x2) der Schaustellerbetriebe von Halle aus Großefehn wurde ursprünglich beim 25 Meter Riesenrad des Herstellers Anton Schwarzkopf eingesetzt, mit dem das Unternehmen von 2008 bis 2013 auf Tour war. Bei der Montage des „Bayernrad" leistete der hinter dem Fahrerhaus aufgebaute Meiller Ladekran wertvolle Hilfe. Für den Anhängerzugbetrieb war ein schwerer Gewichtsklotz am Rahmenende des Fahrgestells als Unterfahrschutz montiert, der eine Ballastpritsche ersetzte. Bei dieser Aufnahme ist der knapp 16 t schwere Mittelbauwagen des „Heart Breaker" angehängt, der als Ablösung für das Riesenrad angeschafft und eine Zeit lang betrieben wurde. Hierbei handelte es sich um ein Rundfahrgeschäft, Typ Twister, des Herstellers Heinz Fähtz aus Edelsberg.

Diese MAN 19.403 (4x2) Zugmaschine des Circus Probst (West) wurde vom vorherigen Besitzer zum Transport von Zuckerrüben eingesetzt. Die seitliche Pendelbordwand des Aufbaus ist deshalb mit einer pneumatischen Verriegelung an der Stirnwand ausgestattet, die vom Fahrerhaus aus bedient werden kann. Zum Entleeren fahren diese Fahrzeuge, die aus Gewichtsgründen über keinen Kippaufbau verfügen, in der Zuckerfabrik dann entweder auf eine schiefe Ebene, werden über eine hydraulische Hubbühne seitlich gekippt oder mit einem Wasserstrahl entladen.

Die MAN 19.403 FLS (4x2) des Circus Roncalli war bei dieser Aufnahme aus dem Jahre 2018 mit dem angehängten Oberlicht-Wohnwagen auf dem Weg vom Gastspielort in Recklinghausen zur Bahnverladung nach Wanne-Eickel. Es ist schon verwunderlich, dass die Transporte zunächst über lange Wege per Achse fahren müssen, um eine funktionstüchtige Rampe der Deutschen Bahn zu erreichen. Dass sich solches dann auch noch mitten in einem der größten industriellen Ballungsgebiete Europas abspielt, macht die Leistungsfähigkeit des Schienengüterverkehrs in Deutschland deutlich.

Vom italienischen Hersteller Gosetto stammt der, auf zwei Mittelbauwagen basierende, 4-Säulen Autoskooter „Formel 1" des Bielefelder Schaustellers André Schneider. Als Zugmaschine wird unter anderem diese MAN 19.463 F (4x2) eingesetzt, die über einen interessanten, zweigeteilten Festaufbau verfügt. Der vordere Bereich dient dabei dem Transport der Unterpallungsmaterialien und verfügt über keine Planenabdeckung.

Oben: Mit originalem MAN Dekor und GFK-Hochdach mit Aeropaket zeigt sich diese MAN 19.463 FLS (4x2) des Schaustellerbetriebs Wilmering. Interessantes Detail sind die hinteren Stützen der Wechselpritsche, die nicht umgeklappt sondern nach oben eingeschoben werden und fast vollständig im Aufbau verschwinden.

Links: Das GFK Hochdach, der Dachspoiler und das Aeropaket gehörten auch zur Ausstattung dieser 19.403 FLS (4x2). Die beim „Top-Drive" Autoskooters der Familie von Halle eingesetzte Zugmaschine wurde zwischenzeitlich aber durch ein Fahrzeug der TGA-Baureihe abgelöst.

Im typischen Design der weit verzweigten Bonner Schaustellerfamile Barth zeigt sich dieser „V 10 Kraftprotz". Die 19.603 FL (4x2) von Peter Barth ist bei diesem Bild noch vor dem Mittelbauwagen der Mack Schlittenfahrt „Südsee-Wellen Surfen" zu sehen. Das Fahrgeschäft wurde nach der Saison 2013 wegen der erforderlichen Umrüstung auf eine neue DIN-Norm und der daraus resultierenden hohen Kosten leider ins Ausland verkauft.

Keine Mogelpackung! Diese 19.603 FLS (4x2), vom Schaustellerbetrieb Göbel aus Worms war tatsächlich eine der fünf produzierten V10 600er, die 1997 die MAN Werkshallen mit der Steyr Frontklappe verlassen haben. Diese Maßnahme sollte vermutlich die österreichische Kundschaft ansprechen und nach der Steyr Übernahme gleichzeitig wohl auch ein wenig besänftigen. Das Fahrzeug befindet sich mittlerweile aber in Sammlerhand und bleibt somit auch der Nachwelt erhalten.

Oben: Mit der als Kommunalfahrerhaus bezeichneten Doppelkabine des MAN Standorts Wittlich ist diese leichte Sattelzugmachine, LE 180 C (4x2) ausgestattet, die beim Circus Krone vor dem Restaurationswagen des Circus-Cafés eingesetzt wird. Der Auflieger wurde von Hofmann Verkaufssysteme hergestellt.

Mitte: Mit 14 Tonnen zulässigem Gesamtgewicht gehört diese Zugmaschine zu den Fahrzeugen der mittelschweren M 2000 L Baureihe. Die 14.284 (4x2) des Schaustellers Ulf Bauermeister aus Köln ist mit einem Wechselrahmen ausgerüstet.

Unten: Die TGA Baureihe trat bei MAN ab dem Jahre 2000 die Nachfolge der F 2000 Baureihe in einem komplett neuen Design an. Bei dieser Abbildung aus dem Jahre 2017 ist die TG 460 A LX Zugmaschine der Schaustellerbetriebe von Halle zu sehen, die hauptsächlich mit einer aufgebrückten Ballastpritsche unterwegs ist. Der dreiachsige Anhänger wurde bei Eilers Fahrzeugbau in Wiefelstede auf die Räder gestellt und beim Mack Autoskooter „Musik-Station" mit opulenter Ausstattung als Kassenwagen genutzt. Zur Inbetriebnahme des neuen „Nitro - The Race" Skooters wurde dieser Anhänger dann aber einer Generalrevision unterzogen, zu einem kombinierten Kassen-, Chaisenwagen umgebaut und analog zum neuen Thema umgestaltet.

Peter Roie aus Altenstadt betreibt den „Disco-Express" aus dem Hause Mack und nutzt für die anfallenden Transporte diese MAN TGA 18.400 LLS (4x2), die mit einem interessanten Aufbau aufwarten kann. Am Fahrzeugheck ist ein Fassi F 315 CXP 26 Ladekran montiert, der neben einer Vierpunktabstützung auch über ein Endlosschwenkwerk verfügt. Die Stirnwand des Aufbaus kann hydraulisch angehoben werden, um mit den dort eingebauten Scheinwerfern den Arbeitsbereich auszuleuchten. Das im Rahmen dieser Stirnwand verlegte Abgasrohr wandert dabei mit in die Höhe. Um die Achslasten bei Leerfahrt und ohne verladenen Fahrstand des Fahrgeschäfts besser zu verteilen, wird der Kran dann gestreckt abgelegt.

Hinter dieser MAN TGA 18.410 (4x2), die mit dem LX genannten Fahrerhaus angeschafft wurde, hängt der zweite Mittelbauwagen des „Formel 1" Gosetto (I) 4-Säulen Skooters des Bielefelder Schaustellers André Schneider. Auf den beiden Wagen ist je eine Hälfte der Fahrbahn, des Podiums und der Dachkonstruktion verladen. Beim Aufbau des Autoskooters ist genaues Rangieren erforderlich, um beide Anhänger zueinander auszurichten. *Rechts:* Die Zugmaschine verfügt zusätzlich über eine interessante Ballastbrücke. Da der Boden des Wechselaufbaus über eine Aussparung für die Sattelkupplung verfügt und das vordere Rahmenende des genutzten US-Wohnaufliegers typischerweise gekröpft ist, kann der 5th-Wheel Camper ohne Absetzen der Plattform gefahren werden.

Mit der robusten Baustoßstange aus Stahl und den offenen unteren Trittstufen wurde von Hans-Otto Schäfer diese MAN TGA 18.430 XL (4x2) als Sattelzugmaschine beschafft und mit einem Wechselrahmen für die vorhandenen Ballastbrücken ausgerüstet. Der angehängte Plattformwagen, die sogenannte offene Rolle, ist mit Bauteilen des Rundfahrgeschäfts „Shake&Roll" beladen.

Enrico Sperlich aus Elster an der Elbe nutzt für Transport und Montage seines 30 Meter Riesenrads diese TGA 18.360 XL (4x2). Der HIAB 160-3 Ladekran ist auf dem Grundrahmen der Wechselbrücke verschraubt und über lösbare Leitungen mit der Fahrzeughydraulik verbunden. Da im Fuhrpark eine zweite MAN TGA vorhanden ist, die ebenfalls über die notwendigen Anschlüsse verfügt, kann der Kran mit beiden Fahrzeugen betrieben werden. Mit den drei hydraulischen Ausschüben hebt der Kran, bei 10,10 Metern gestreckter Auslage, noch ein Lastgewicht von 1.360 kg. Über vorhandene manuelle Schubstücke kann die Reichweite nötigenfalls noch erweitert werden.

Nach dem Abbau des Chapiteaus trifft der „73er" als einer der letzten Anhänger auf dem Güterbahnhof ein, um auf den Sonderzug verladen zu werden. Auf dem, von der TGA 18.440 XLX (4x2) gezogenen Anhänger, wurden früher die Eisenanker der Zeltabspannung transportiert. Zuletzt wurde der Anhänger nur für den Transport der Radlader-Werkzeuge und einen Kompressor genutzt.

Ebenfalls beim Circus Roncalli konnte ich 2011 das Wohnwagengespann des Ungarn Florian Richter ablichten, der mit seiner Pferdedressur die damalige Tournee bereicherte. Der vierachsige Teton Homes 5th-Wheel Camper wurde von einer TGA 18.510 XXL (4x2) gezogen, die mit einem kurzen Wohnkoffer hinter dem Fahrerhaus ausgestattet war.

Das Circusunternehmen der Familie um Roman Zinnecker, das viele Jahre als Belly Wien auf Tour war und seit der Saison 2019 unter dem Namen Maximum reist, ist nicht nur für ein abwechslungsreiches Programm bekannt. Der Fuhrpark zeigt sich stets top gepflegt und kombiniert wunderbar klassische Tonnendachwagen mit moderner Eventlogistik. Der von der TGA 18.530 XXL (4x2) gezogene Anhänger wurde von der Wagen- und Karussellbaufabrik Mack ursprünglich als Packwagen ausgeliefert. Die Familie Zinnecker baute den Wagen dann zum Giraffentransporter um und passte in der Mitte des typischen Tonnendaches eine Hubvorrichtung ein. So konnte die, stets mit einem großen Freilaufbereich erweiterte, Giraffenbehausung am Gastspielort auf eine tiergerechte Höhe ausgefahren werden. Mit dem altersbedingten Ableben der Giraffe Kenay wurde der Wagen allerdings eingelagert.

Bei der Schaustellerfamilie Markmann wird die MAN TGA Baureihe mit verschiedenen Aufbauvarianten eingesetzt. Hier ist eine TGA 18.540 XXL (4x2) mit fest aufgebauter Ballastpritsche zu sehen. Der Wohnwagen, in sogenannter Containerbauweise, wurde noch in den Werkstätten der Wagenfabrik von Heinrich Mack in Waldkirch hergestellt. Der Name „Containerbauweise" entstand aufgrund der Wagenkastenform mit dem ab den 1980er Jahren angebotenen Flachdach. Diese „moderne" Dachform konnte wegen dem vermehrt praktizierten Straßentransport realisiert werden und brachte einen enormen Gewinn an verfügbarem Innenraum der Wohn-, Pack- und Spezialwagen. Die Runddachform war ausschließlich wegen der Tunnelprofile auf den Eisenbahnstrecken notwendig. Ende der 1980er Jahre wurde der Wagenbau bei Mack komplett eingestellt, um sich auf die Produktion von Fahrgeschäften zu konzentrieren.

Diese TGA 18.460 XXL (4x2) verfügt zusätzlich über einen heckmontierten Palfinger PK 23002 Ladekran in der Ausführung D mit fünf hydraulischen Ausschüben, Vierpunktabstützung sowie einer Hubwinde. Laut Herstellerinformation hebt der Kran bei 14,40 Meter gestreckter Auslage noch ein Lastgewicht von 1.130 kg. Der zweiachsige Wohnwagen hinter der Kranmaschine stammt ebenfalls vom Hersteller Mack.

Der Düsseldorfer Schausteller William Bruch nutzte diese TGA 18.430 XXL (4x2) Sattelzugmaschine. Als notwendiges Ballastgewicht konnte die mittlerweile ausgetauschte Zugmaschine eine Plattformbrücke aufsatteln. Der verladene Container verfügt über eigene Stützen und kann getrennt von der Plattform abgestellt werden. Der klassische Tonnendachwohnwagen stammt von der Firma Mack.

Auch die Kranmaschine, eine TGA 18.480 XXL (4x2) mit heckmontiertem Palfinger PK 29002, wurde mittlerweile durch ein jüngeres Fahrzeug der TGX Baureihe abgelöst. Der angehängte Mittelbauwagen gehört zum Huss „Break Dance No. 1", den William Bruch von seiner Tante übernehmen konnte.

Hier geht ein komplettes Fahrgeschäft auf die Reise. Jerome Fick aus Nienburg betreibt das vom Hersteller CAH aus Holland gebaute, komplett auf dem Mittelbauwagen verladene und als Scheibenwischer bekannte Fahrgeschäft „Shaker", das zusammen mit dem angehängten Kassenwagen umgesetzt wird. Die ziehende TGA 18.480 XXL (4x2) ist mit einem Atlas Heckkran ausgerüstet.

In der Vergangenheit für einen Naturdarmhersteller und vor Kühlaufliegern unterwegs, jetzt mit dem Mittelbauwagen des „Crazy Beach Monster", einem Monster II des Karussellproduzenten Schwarzkopf, auf Achse. MAN TGA 18.530 XXL (4x2) Zugmaschine, mit Palfinger PK 17500 Ladekran sowie Plattformaufbau mit einer eingelassenen Sattelplatte für den 5th-Wheel Camper des Schaustellers Manfred Hoffmann aus Köln. Der Ladekran erreicht über vier hydraulische und zwei manuelle Ausschübe eine Reichweite von 14,40 Metern.

Der in Dassel bei Northeim beheimatete Veranstaltungsservice Keese beschäftigt sich unter anderem mit der Vermietung mobiler WC-Anlagen auf Containerbasis. Für den Transport werden neben Containeraufliegern auch schaustellertypische offene Rollen genutzt. Die hier abgebildete allradgetriebene MAN TGA 18.410 L (4x4) ist mit einem Pritschen/Planenaufbau und einem Tirre Euro 301 Ladekran für das Containerhandling ausgerüstet. Zwei Anhängerkupplungen am Heck gehören ebenfalls zur Ausstattung und ermöglichen den Zugbetrieb vor Anhängern mit 40 mm und 50 mm Zugösendurchmesser. Die sogenannte Schwerlastkupplung mit 50 mm Bolzen wird nicht nur bei größeren Zuggewichten, sondern auch für hohe Stützlasten von Zentralachsanhängern über 13,5 t Gesamtgewicht benötigt.

Als Nachfolger für die F 90 Zugmaschine schaffte Patrick Schneider diese, ebenfalls allradgetriebene MAN TGA 18.430 L (4x4) an. Hinter dem Fahrerhaus ist auch bei dieser Zugmaschine wieder ein Ladekran des Herstellers Atlas montiert. Der AK 255.2 A3 verfügt über drei hydraulische Schubstücke mit knapp 10 Metern Reichweite sowie Vierpunktabstützung. Auf dem Plattformaufbau wird beim Transport ein 10 ft Werkstattcontainer verladen.

Die letzten Jahre war die Familie Zinnecker zumeist in den Niederlanden auf Tournee. Da viele Circusplätze in unserem Nachbarland zwar wunderbar gelegen, aber nur anspruchsvoll erreichbar inmitten von Grünanlagen liegen, wurden zwei fast identische MAN TGA 18.430 L (4x4) Allradzugmaschinen beschafft. Im Schlepp eine offene Rolle vom Fahrzeugbau Marco Pfaff, beladen mit zwei der sechs 20 ft Containern, die zu Pferdeboxen umgebaut wurden. Über das Thema Containerlogistik werde ich im zweiten Band noch ausführlich berichten.

Bei dieser allradgetriebenen Zugmaschine handelt es sich bereits um ein Fahrzeug der TGS Baureihe. Edgar und René Rasch aus Hamburg setzen die TGS 18.480 M (4x4) unter anderem auch für den Transport des Laufgeschäftes „Alpen Hotel" ein.

Für anfallende Montagearbeiten wird bei Rasch dieser Palfinger PK 44002 genutzt. Der vierfach abgestützte Kran ist zusätzlich mit einer Hubwinde und einem Endlosschwenkwerk ausgestattet. Die größtmögliche Version dieses Ladekrans verfügt über acht hydraulische Ausschübe mit einer Reichweite von 20,50 Metern. Die Hubkraft beträgt dort dann noch beachtliche 1.170 kg.

Der Schausteller Helmut Nitzsche aus Berlin konnte diese MAN TGS 18.400 (4x4) Sattelzugmaschine mit dem L Fahrerhaus, Allradantrieb und einem interessanten Wechselaufbau bereits bestens ausgestattet, vom Erstbesitzer der Bauunion Wismar übernehmen.

Da das Bauunternehmen verschiedenste Auflieger und Anhänger bewegen musste, wurde von Strehlow Fahrzeugbau die Pritsche sowie der Hiab 160-4 Ladekran auf einem Wechselrahmen montiert, der über Twistlock-Verschlüsse fest mit dem Fahrgestell der Sattelzugmaschine verbunden wird und über die Vierpunktabstützung bei Nichtgebrauch abgestellt werden kann. Der Kran verfügt über vier hydraulische Ausschübe, über die, bei einer Reichweite von 12,10 Metern, noch ein Gewicht von 960 kg angehoben werden kann. Zusätzlich steht noch eine Hubwinde von Rotzler zur Verfügung.

Mit der hydraulisch angetriebenen Vorderachse, die bei MAN Hydrodrive genannt wird, ist diese TGX 18.480 XLX (4x4H) von Tanja Ferling aus Offenbach auch für unbefestigte Flächen optimal vorbereitet. Tanja Ferling reist mit dem Skooter „Driftzone" des italienischen Herstellers Cosmont.

Diese MAN TGS 18.480 LX Zugmaschine der Frankfurter Schaustellerfamilie Ries ist mit einem Koffer als Festaufbau ausgerüstet. Die schwarzen Felgen ergeben zusammen mit Lowliner Reifengröße 315/60 R 22,5 sowie der silbernen Komplett-Lackierung einen sehr stimmigen Gesamteindruck.

Auch diese MAN TGX 18.360 XLX (4x2) der Schaustellerbetriebe Cronenberg aus Neuss ist mit einer Lowliner-Bereifung ausgestattet. Der absetzbare Wechselaufbau der Zugmaschine ist eine Kombination aus kurzem Koffer und einer nur unwesentlich längeren Pritsche.

Durch die kleine Lowliner Bereifung wirken besonders die Fahrzeuge mit hohem Fahrerhaus auf den ersten Blick etwas ungewöhnlich. Mit den schwarz lackierten Felgen und der absetzbaren Ballastpritsche finde ich persönlich diese MAN TGX 18.400 XLX (4x2) optisch ebenfalls durchaus gelungen und sehenswert.

Ungewöhnliches Detail: Bei dieser TGX 18.480 XLX (4x2) des Skooter-Betreibers Peter Loosen aus Aachen ist die Kombination der robusten Baustellenstoßstange mit der geschlossenen untersten Trittstufe der Straßenversion wohl in der eigenen Werkstatt entstanden.

Mir gefällt diese Version mit dem offenen Tritt deutlich besser. Das liegt vermutlich an meinem Faible für Baufahrzeuge, für die der sogenannte Baueinstieg ja ursprünglich entwickelt wurde. MAN TGX 18.480 XLX (4x2) des Schaustellers Peter Burgdorf aus Hambühren beim Abbau der von Mack gebauten „Petersburger Schlittenfahrt". Mit Hilfe des Atlas AK 240.2E A6 Ladekrans, der bei 16,50 Meter Auslage noch 900 kg stemmt, werden die schweren Bauteile des Rundfahrklassikers auf die offene Rolle gehoben.

Auch Karl Heinz Heine aus Bremen besitzt eine TGX mit dem XLX Fahrerhaus. Der Hersteller Barbisan aus Italien baute das 4-Etagen-Fun-House, also ein Laufgeschäft, dessen Mittelbau auf Basis eines Dreiachsaufliegers konstruiert wurde. Zusammen mit der 18.440 XLX (4x2) als Zugmaschine konnte ich das Gespann im Jahre 2015 ablichten.

Bis zur Neuanschaffung im Jahr 2021 betrieb Arno Heitmann aus Münster den Musikexpress „Disco Jet", der 1979 in Italien bei der Firma Cosmont gefertigt wurde. Dieses Foto aus dem Jahr 2014 zeigt den Mittelbauwagen des Rundfahrklassikers noch als Anhänger und somit vor dem später noch erfolgten Umbau zum Sattelauflieger. Bei der Zugmaschine handelt es sich um eine TGX 18.440 XL (4x2) mit absetzbarer Ballastbrücke.

Der Hamburger Max Eberhard jun. ist Schausteller in der achten Generation und durch den elterlichen Betrieb den Umgang mit schwerem Material an Fahrgeschäften von jeher gewohnt. Im Jahre 1999 wurde von ihm, parallel zur Mitarbeit im väterlichen Schaustellerbetrieb, die Firma Ride Construction Service, kurz RCS, gegründet. Dieses Unternehmen ist spezialisiert auf die weltweite Montage von Fahrgeschäften in Freizeitparks und unterhält für diese Aufgaben einen eigenen Fuhrpark sowie Spezialequipment. Beim Schaustellerbetrieb um den Senior, der in den letzten Jahren mit der Achterbahn „Wilde Maus XXL" erfolgreich auf Tour ist, wird selbstverständlich auf die vorhandene Technik des RCS Fuhrparks zugegriffen. Diese TGX 18.500 XL BLS (4x4H) ist mit dem hydraulischen Antrieb der Vorderachse (Hydrodrive) ausgestattet. Der Fliegl Jumboauflieger mit Gardinenplane wurde vom Hersteller für den Einsatz speziell ausgestattet und transportiert mit weiteren baugleichen Exemplaren die Bauteile der „XXL Maus".

Mit zwei Containern der „XXL Maus", von denen einer z.B. die Virtual Reality Technik der Bahn beherbergt, ist dieser Fliegl Jumboauflieger beladen, der von einer TGX 18.540 XLX (4x2) zum Aufbau bereitgestellt wird.

Da die Zugmaschinen auch im Anhängerbetrieb eingesetzt werden, stehen absattelbare Wechselpritschen zur Verfügung. Hier auf einer baugleichen, aber mit Rammschutz ausgerüsteten TGX 18.540 XLX (4x2) Euro 6.

Ebenfalls das XLX Fahrerhaus besitzt die TGX 18.480 (4x2) des Schaustellers Bruno Dreßen aus Mönchengladbach. Der hier zu sehende MKG HLK 105 Ladekran am Heck wurde mittlerweile durch einen leistungsfähigeren Palfinger-Kran ersetzt.

1979 feierte die Duisburger Schaustellerfamilie Kreft Premiere mit ihrem, auf den Namen „Love Express" getauften 2-Säulen Musik-Express aus dem Hause Mack. Die aktuell von Mischa Kreft betriebene Anlage wurde während der Corona-Zeit einigen Umbaumaßnahmen unterzogen. So erfolgte neben notwendigen Arbeiten zur Erfüllung der DIN EN 13814 auch die Umrüstung des Mittelbauwagens zum Sattelauflieger. Wegen der geringen Aufsattelhöhe, bedingt durch die Einhaltung der maximalen Gesamthöhe, musste von Mischa Kreft auf ein Fahrzeug mit Lowliner Bereifung zurückgegriffen werden. Die passende TGX 18.400 XLX (4x2) Sattelzugmaschine wurde als Gebrauchtfahrzeug von der Spedition Wandt aus Braunschweig übernommen.

Der italienische Hersteller für Freizeitanlagen Fabbri ist der Hersteller des Rundfahrgeschäfts „Smashing Jump", dessen fünfachsiger Mittelbauwagen auf diesem Bild hinter der TGX 18.440 XLX (4x2) des Schaustellers Ronny Deinert aus Unna zu sehen ist. Die Firma Deinert war von 2011 bis 2019 mit dem „Big Spin" genannten Karussell auf Tour. Hinter der, mit der Kasse beladenen Pritsche ist noch ein Teil des Atlas Ladekrans zu erkennen, der für die Montagearbeiten genutzt wurde.

Bei Detlef Dreßen wird ein MKG HLK 105 Ladekran, der am Heck dieser TGX 18.440 XXL (4x2) montiert ist, für den Auf- und Abbau des Mack „Schlager-Express" genutzt. Der amerikanische Camper stammt vom Hersteller Recreation By Design (RBD) und wurde auf einem Tridem-Anhängerfahrgestell realisiert. Als „Monte Carlo Platinum Edition" bezeichnet der im US-Bundesstaat Indiana ansässige Hersteller die von der Familie Dreßen gewählte Ausstattungslinie.

„Circus Krone setzt auf MAN". Nach einer sehr langen Scania Episode wurden seit 2011 alle neuen Zugmaschinen bei MAN geordert. Da das Circusunternehmen neben den modernen Sattelaufliegern hauptsächlich eine beachtliche Anzahl von typischen Circuswagen einsetzt, können die Sattelzugmaschinen, wie diese TGX 18.440 XXL (4x2), mit einer Wechselpritsche ballastiert werden. Das bei diesem Foto angehängte Doppelgespann besteht aus einem 5 Meter Oberlicht-Wohnwagen mit ausziehbarer Veranda sowie dem Kassenwagen für den rollenden Zoo.

Bei dieser baugleichen TGX 18.440 XXL (4x2) ist auf der Ballastpritsche ein Transportbehälter abgestellt. Das sind handelsübliche Leichtbau Materialcontainer die auf stabile, mit Gabelstapler händelbare Rahmen gesetzt wurden. Mit bedruckten Planen bespannt und zusätzlich mit einem angedeuteten Runddach versehen soll optisch der Wagenkasten eines Circuswagens dargestellt werden. Von diesen Behältern wurden ab 2017 einige Exemplare in Betrieb genommen. Auf dem angehängten Goldhofer Tieflader TUEP 4-32/62 werden der Manitou MC 30 Geländestapler und der Volvo L 30 Radlader zum nächsten Gastspielort gefahren.

Zu den jüngsten Vertretern aus dem Hause MAN gehört diese TGX 18.500 XXL (4x2), die hier mit einem der Krone Gardinenplanenauflieger zu sehen ist. Der bekannte Fahrzeugbauer aus dem Emsland und der gleichnamige Circus pflegen schon länger eine gemeinsame Werbepartnerschaft und bringen das auf den Gardinenplanen der Auflieger auch zum Ausdruck.

William Bruch beschaffte diese TGX 18.520 XLX (4x2) als Ersatz für die zuvor in diesem Kapitel gezeigte 480 PS Version. Der vorhandene Palfinger PK 29002 wurde komplett überholt und auf das neue Fahrgestell umgesetzt.

Nach der Übernahme des Zirkus Charles Knie durch den heutigen Direktor, Sascha Melnjak, hat sich das Unternehmen nicht nur bei den gebotenen Programmen, sondern auch in technischer Hinsicht grandios entwickelt. Im Jahr 2018 wurden zusätzlich vier dieser TGX 18.440 XXL (4x2) in den Fuhrpark übernommen. Da der Wagenpark des Circus mittlerweile fast nur aus Aufliegern besteht und eigentlich nur noch der WC-Wagen als größerer Anhänger rollt, benötigen die Sattelzugmaschinen keine zusätzliche Ausrüstung für den gemischten Zugbetrieb.

Die TGX 18.520 XXL (4x2) von Schausteller Hubert Predan, hier mit aufgebrückter Ballastpritsche und dem angehängten Presse-Büro des Circus Roncalli, ist mit dem großen 15,2 Liter D 38 Motor in der kleinsten Leistungsstufe ausgestattet. Der im Jahre 2014 vorgestellte Reihensechszylinder Motor mit den drei Leistungsstufen von 520, 560 und 640 PS erreichte die Euro 6 Abgasnorm und löste in der Königsklasse den 680 PS starken V8 Motor ab, der nur der Euro 5 Abgasnorm entsprach.

Der Schausteller Thomas Wendler entschied sich beim Kauf dieser 18.560 XXL (4x2) ebenfalls für den kräftigen D 38 Motor. Bei der Motorleistung wurde die mittlere Leistungsstufe mit 560 PS gewählt. Die Sattelzugmaschine wurde, analog zum vorhandenen Fuhrpark, ebenfalls mit einem Wechselrahmen, einer Anhängerkupplung am Heck und zusätzlichen Versorgungsleitungen ausgerüstet. So können der von Stork gebaute Chaisenwagen des „Top Car" Skooters zusammen mit dem absetzbaren Mannschaftscontainer oder der Satteltieflader für die Skooterhalle mit allen Zugmaschinen des Betriebes umgesetzt werden. An der Front wurde bei dieser Zugmaschine eine Traverse angebaut, die mit einer Rangierkupplung ausgerüstet ist.

Ein D 38 Motor sorgt auch bei der Zugmaschine des Schaustellers Walter Burghard aus Lippstadt für ausreichend Vorschub. Die TGX 18.580 XXL (4x2) ist schon mit dem 2017 optimierten und in der mittleren Leistungsstufe nun 580 PS leistendem Euro 6c Motor ausgerüstet. Mit einem Wechselrahmen ausgestattet können die im Betrieb vorhandenen Wechselkoffer des Autoskooter „Music Cars“ und des Kinderkarussells „Traumwelt“ aufgenommen werden.

Am Ende dieses Kapitels möchte ich noch zwei Zugmaschinen des Schaustellers Ewald Schneider zeigen, die vom Alter zwar weit auseinander liegen, aber im Jahr 2022 optisch im einheitlichen Pflegezustand auf die Festplätze rollten. Diese 19.403 (4x2) der F 2000 Baureihe, die über das schmale Fernverkehrsfahrerhaus verfügt, wurde bereits am ersten Maurer Freifallturm der Familie Schneider, dem „Power Tower“, eingesetzt. Mit Anhängerkupplung und Versorgungsanschlüssen am Heck sowie einem Wechselrahmen kann diese Zugmaschine ebenso als Sattelzugmaschine oder im Anhängerzugbetrieb eingesetzt werden, wie die jüngst beschaffte TGX 18.500 XLX (4x2), die ich hier mit einem aufgebrückten Wohnkoffer ablichten konnte. Außergewöhnlich an einem Fernverkehrsfahrerhaus sind die offenen Trittstufen, ohne die Türverlängerung.

Zweiachs – Zugmaschinen von Mercedes-Benz

Wolfger Steinberg aus Duisburg ist ein ganz besonderer Circusfreund. Als Sammler alter Traktoren kam irgendwann der Wunsch in ihm auf, einen alten Oberlichtwagen zu beschaffen, um damit Schleppertreffen zu besuchen und dort dann auch standesgemäß übernachten zu können. Bei einem kleinen Familiencircus wurde er tatsächlich fündig und nach den entsprechenden Verhandlungsgesprächen wechselte der augenscheinlich gut erhaltene Schindelwagen den Besitzer.

Nach einer genaueren Bestandsaufnahme mutierte der Wagen allerdings zu einer mehrjährigen Baustelle und Wolfger zum Fachmann im Wagenbau. Das fertige Restaurationsobjekt ließ jedoch schnell die aufwendige Arbeit vergessen und die ersten Fahrversuche mit den doch etwas leichten Traktoren brachten das Ergebnis, dass eine passende Zugmaschine vielleicht doch die bessere Wahl sein könnte. Die kam dann in Form eines 1953 gebauten Mercedes-Benz L 3500 LKW, der aber bereits vom Vorbesitzer zur Zugmaschine umgebaut worden war. Da Wolfger Steinberg aber zu seinem wunderschönen Gespann auch noch das passende Circusunternehmen fehlte, heuerte er für die Zeit seines Jahresurlaubs bereits mehrfach beim Circus Roncalli an, um dort die Freizeit zu verbringen. Die Erholung besteht aber sicher nicht darin, vor dem Wagen, in einem Liegestuhl sitzend, ein Buch zu lesen. Egal wo man ihn dann braucht, er ist sofort vor Ort, packt an und übernimmt die verschiedensten Aufgaben, egal ob als Portier am Zelteingang, an der historischen Kirmesorgel oder für eilige Besorgungsfahrten. Beim Circus wird halt jede helfende Hand benötigt.

In den 1990er Jahren konnte ich diese Mercedes Kurzhauber Zugmaschine des Original Circus Renz aufnehmen. Zur Typenbezeichnung kann ich leider keine genauen Angaben machen.

Dieser Mercedes-Benz Kurzhauber vom Typ LA 1413 (4x4) wurde 1966 gebaut und war im Jahr 2022 beim Schausteller Guido Ehlers aus Helmstedt immer noch aktiv im Einsatz. Die allradgetriebene Zugmaschine sorgt zusammen mit einer NG für die Bewegung der noch zahlreich vorhandenen Tonnendachwagen des auf Imbiss und Ausschank spezialisierten Betriebes.

Diese 1972 gebaute Mercedes-Benz L 1624 (4x2) Zugmaschine der schweren Kurzhauber Baureihe ist beim Duisburger Schaustellerbetrieb von Mike Bengel auch immer noch aktiv unterwegs. Die angebauten, teils handgefertigten Zubehörteile mögen Puristen jetzt vielleicht erschrecken. Da diese Baureihe mittlerweile aber eher die Ausnahme auf deutschen Straßen ist und der Stil durchaus den Schaustellerfahrzeugen der 1980er Jahre entspricht, kann man über die aktive Nutzung und den unveränderten Erhalt nur froh sein.

Auf diese wunderschöne und stets gepflegte Mercedes-Benz LP 608 Zugmaschine des Reise-Imbissbetriebes Fusshöller habe ich mich beim Besuch auf dem Pützchens Markt immer sehr gefreut. Leider wurde der „Express Buffet" genannte Betrieb mittlerweile aufgegeben und die 1973 gebaute „kleine Wörther", wie die Frontlenker der kubischen LP Baureihe auf Grund des Fertigungsstandortes genannt wurden, wurde 2021 bei einem Online-Auktionshaus zum Verkauf angeboten. Ich habe tatsächlich überlegt ...

Auch 2022 noch im Einsatz ist diese ebenfalls sehr gepflegte Zugmaschine der „kleinen Wörther" Baureihe. Die Aufnahme dieser LP 813 entstand allerdings schon ein Jahr zuvor, beim Abbau des Münsteraner Herbstsend 2021.

Reisekonditoreien sind hauptsächlich im norddeutschen Raum unterwegs. Hier liegt die größte Betriebsdichte im nordwestlichen Landesbereich, also von Oldenburg über Ostfriesland bis zum Emsland. Diese, in den 1990er Jahren aufgenommene, Mercedes-Benz LP 911 (4x2) mit langem Fahrerhaus gehörte dem Schausteller Johann Meiners aus Riepe, der mit seiner Reisekonditorei auf den Festplätzen unterwegs war. Die mittelschwere LP Baureihe wird wegen der Fahrerhausform umgangssprachlich übrigens als „Toastscheibe" bezeichnet.

Diese Mercedes-Benz LP wurde ebenfalls in den 1990er Jahren von mir abgelichtet. Im typischen „Festplatz-Design" der 1970er-1980er Jahre habe ich die optisch gelungene Zugmaschine auf dem Wohnwagenplatz der Mendener Pfingstkirmes entdeckt. Nach meinen Informationen soll es sich um eine LPS 1113 B, das B steht für die Turboversion mit 168 PS Motorleistung, gehandelt haben.

Zum Fuhrpark „Ostfrieslands modernster Reisekonditorei", so die Eigenwerbung, gehörte diese Mercedes-Benz LPS 1113 B (4x2) des Schaustellerbetriebs Theo Hinrichs und Sohn aus Buttforde. Da der Junior „Hinni" Hinrichs ein guter Freund von mir ist, konnte ich selbst noch einige Kilometer hinter dem Lenkrad dieser Zugmaschine als „Kraftfahrer" genießen.

Auch diese mittelgroße „Toastscheibe" kenne ich nicht nur von außen. Beim Iserlohner Schausteller Karl-Eduard Rink diente die, ebenfalls mit dem Turbo aufgeladene Mercedes Benz LPS 1113 B Zugmaschine auch als Kühlwagen für die Imbissbetriebe und war deshalb mit einem Unterflurkühlaggregat ausgerüstet. Mittlerweile befindet sich das Fahrzeug in Sammlerhand, ist wieder als Sattelzugmaschine unterwegs und wurde mit einem langen Fahrerhaus ausgerüstet. Da ich mich bei Nachtfahrten und eintretender Müdigkeit schon einige „Stündchen" quer über die Sitze liegend ausruhen musste, kann ich die Entscheidung zur „langen Hütte" absolut nachvollziehen.

Diese Mercedes-Benz LP 1519 (4x2) war mit dem ersten von der Bremer Maschinenfabrik Huss gelieferten Break Dance, dem „Break Dancer No.1" unterwegs. Zunächst beim Schaustellerbetrieb Dreher und Zarnitz eingesetzt und zum Zeitpunkt dieser Aufnahme im Nachfolgebetrieb unter alleiniger Führung von Erika Dreher wurde die „Brummi 2" genannte Zugmaschine nie geschont und musste so einige Tonnen Gewicht bewegen.

Technisch top aber optisch, trotz aufwendiger Lackierung, dann doch eher gewöhnungsbedürftig, zeigte sich diese Mercedes-Benz LP 1624 (4x2) in den 1990er Jahren auf den Festplätzen.

Axel Werdermann aus Enningerloh nutzt aktuell noch diese LP 1418 (4x2) Zugmaschine der schweren Baureihe für die anfallenden Transporte seiner Ausspielungsgeschäfte. Die sehr gepflegte Zugmaschine verfügt über eine zeitgenössische, festmontierte Ballastpritsche und ist mit einer passenden Cornett Sonnenblende ausgestattet.

Beim Circus Barum von Gerd Siemoneit waren neben den zahlreich eingesetzten Magirus und später Iveco Zugmaschinen auch sporadisch ein paar Fahrzeuge anderer Hersteller im Einsatz. Diese Mercedes-Benz NG Sattelzugmaschine mit Nahverkehrsfahrerhaus wurde bei der Tournee 1999 noch vor einem Raubtierauflieger eingesetzt. Leider wurden nach der Lackierung des kurzen Fahrerhauses im typischen Zebralook die Typenschilder nicht wieder angebracht. Somit muss diese Information unbeantwortet bleiben.

Auch diese mittelschwere Mercedes-Benz NG war bei Barum über einige Jahre mit auf Tour und hatte stets einen Pferdetransport-Auflieger im Schlepp. Die 1422 S (4x2) war jedoch mit dem langen Fernverkehrs-Fahrerhaus unterwegs.

Diese Mercedes-Benz Zugmaschine wurde beim Circus Roncalli von den Mitarbeitern „Long John" genannt. Dieser Spitzname beruht auf dem langen Radstand, der wiederum auf den früheren Einsatzzweck zurückzuführen ist. Die NG 1619 KO (4x2) war nämlich zuerst mit einem Pressmüllaufbau für die betriebseigene Entsorgung zuständig und durfte danach noch einige Jahre den Pendelverkehr zwischen Verladerampe und Festplatz verstärken.

Wie der Imbiss selbst, so sah der komplette Fuhrpark des Auricher Schaustellers „Kerli" Werth stets einwandfrei und überaus gepflegt aus. Zum Zeitpunkt der Aufnahme im Jahre 2012 hatte die Mercedes-Benz NG 1422 (4x2) schon einige Jahre Rummelplatzgeschichten erlebt.

Hubertine und Johann-Erwin Kreuser betreiben den Schießwagen „Piratengruft" und nutzen als Zugmaschine diese Mercedes-Benz NG 1426 (4x2). Die Einzelradbereifung auf der Hinterachse des Schießwagens ist nötig, um einen durchgehenden, ebenen Fußboden, den sogenannten Tiefgang, von Vorderachskröpfung bis zum Wagenende realisieren zu können. Der hinten angehängte Tabbert Campinganhänger macht das Gespann komplett.

Wilfried Claassen aus Burhafe nutzt für seine Festzelt- und Imbissbetriebe diese Mercedes-Benz NG 1622 (4x2), die hier mit einem, zum WC-Wagen umgebauten ehemaligen Paketkofferanhänger im Schlepp zu sehen ist. Die dienstälteste Zugmaschine des Betriebs wird übrigens meistens noch vom Chef selbst gefahren.

Der Schausteller Michael Baier aus Nienburg betreibt einen 1969 gebauten „Musik-Express" des Herstellers Mack, der sich optisch wie technisch stets auf dem aktuellen Stand der Technik befindet. Auch beim Fuhrpark geht die Familie Baier diesen Weg und sorgt dafür, dass die älteren Zugmaschinen technisch einwandfrei unterwegs sind und dazu immer gepflegt aussehen. Bei den „Maßnahmen zur Modernisierung" geht zwangsläufig aber immer auch ein wenig an Originalität verloren, wie man an dieser Mercedes-Benz NG 1626 S (4x2) erkennen konnte. Mit Zierstreifen sowie einer Stoßstange der Nachfolgebaureihe SK wurde bei dieser, mittlerweile ausgemusterten Sattelzugmaschine im Laufe der Zeit allerdings noch ein vorsichtiges „Facelifting" durchgeführt. Der Einachs-Kofferauflieger dient als Personalwagen, wurde in Eigenleistung an den Verwendungszweck angepasst und wird aktuell von einer MAN TGL Sattelzugmaschine gezogen.

Die, beim Abbau der Frühjahrs Dippemess 2022 in Frankfurt abgelichtete Mercedes-Benz NG 1626 S (4x2) des Schaustellers Jürgen Feuerstein befindet sich dagegen immer noch im Originalzustand.

Der Schausteller Otto Wendler aus Unna war noch zu Anfang der 2000er Jahre mit dieser Mercedes-Benz NG 1628 S (4x2) unterwegs, um den „Wellenflug“ der Herstellerfirma Zierer auf die Festplätze zu transportieren.

Mit einem mächtigen Atlas Kran war die NG 1632 S (4x2) des Herner Schaustellers Reinhard Mees ausgestattet. Zum Zeitpunkt dieser Aufnahme, in den 1990er Jahren, reiste Mees mit dem Loopingfahrgeschäft „Skyflyer“ des niederländischen Herstellers Vekoma. Für die Montage des auch als Doppelranger bezeichneten Karussells war der mit Vierpunktabstützung, Krankabine und Hubwinde ausgestattete Ladekran fast überdimensioniert. Die zulässige Hinterachslast des zweiachsigen Fahrzeugs dürfte sich jedenfalls am oberen Ende bewegt haben. Diese Zugmaschine wurde übrigens schon vor einigen Jahren vom LKW-Sammler Jens Prüser übernommen und zur Sattelzugmaschine zurückgebaut. Zusammen mit einem ebenfalls restaurierten Tankauflieger ist sie immer wieder auf LKW-Treffen zu sehen.

1.6.24: Der aus Bremen stammende Schausteller Manfred Howey ist Besitzer der 1979 gebauten und aufwendig gestalteten Mack Seesturmbahn, dem „Happy Sailor". Wenn man sich dieses Fahrgeschäft auf dem Festplatz einmal genau anschaut, dann erkennt man sofort, dass bei Manfred Howey optisch wie technisch alles passen muss. Beim Fuhrpark gibt es folglich auch keine Kompromisse, Schmutz sucht man vergebens und die einheitliche Farbgestaltung zieht sich wie ein roter Faden, der in diesem Fall dann türkisgrün ist, durch das komplette Unternehmen. Mit einem MKG Heckladekran ausgerüstet, ist diese in den 1990er Jahren abgelichtete Mercedes-Benz NG 1626 S (4x2) auch heute noch, optisch zwar etwas verändert, aktiver Bestandteil des „Sailor" Fuhrparks.

Diese NG 1632 (4x2) mit fester Ballastpritsche und hoher Plane gehört zum Schaustellerbetrieb von Rudolf Schmitt aus Aschaffenburg.

Unter anderem reist die Familie Schmitt mit einem Autoskooter des Herstellers Cosmont (I). „Unverbastelte" im typischen Design der 1980er Jahre erhaltene Zugmaschinen, wie dieses Exemplar oder das der Firma Howey, haben mittlerweile leider Seltenheitswert.

Auch die NG 1632 (4x2) des Schaustellerbetriebs Wilmering, die noch vor der MAN F 2000 als Zugmaschine der schweren Großverlosung „Glückshaus" eingesetzt wurde, war für mich stets ein absoluter Hingucker. Das „Glückshaus" basiert dabei auf einem dreiachsigen Spezialwagen und wurde als sogenanntes Ausspielungsgeschäft bei Dietz-Fahrzeugbau in Schwalmstadt-Ziegenhain gebaut.

Der Name Probst ist in der Circuswelt ein Begriff. Im geteilten Deutschland war jeweils ein Betrieb im Osten wie im Westen unterwegs. Der Zirkus Probst (Ost) wurde von Rudolf Probst als Privatbetrieb trotz großer Probleme mit der Staatsmacht in der ehemaligen DDR betrieben und entging mehrfach einer Verstaatlichung. Bis 2015 wurde das Unternehmen unter der Leitung seiner Kinder als Reisegeschäft weitergeführt und danach zu einem Projektcircus in kleiner Form umstrukturiert. Im Jahr 2002 konnte ich diese allradgetriebene Mercedes-Benz NG 1019 (4x4) Zugmaschine mit der außergewöhnlichen Mannschaftskabine ablichten.

Auch beim Circus Hansa der Familie Neigert wurde eine mittelschwere NG Sattelzugmaschine mit einem ähnlichen, aber deutlich kürzeren Fahrerhaus eingesetzt. Das Foto entstand noch in den 1990er Jahren.

Optische Täuschung! Auch wenn die Anbauteile des Fahrerhauses darauf hindeuten, dass es sich bei der Zugmaschine von Johann Kutschenbauer aus Delmenhorst um ein Fahrzeug der SK bzw. der MK Baureihe ab 1988 handelt, die mit einem festen Kofferaufbau versehene Zugmaschine stammt noch aus der NG Vorgängerbaureihe und wurde über die Zeit durch Neuteile lediglich einem Eigenbau-Facelift unterzogen. Die 1628 S (4x2) wurde auch im Jahr 2022 noch für die Transporte der von Karussell- und Fahrzeugbau Strempel aus Weilburg gebauten Doppel-8-Schleife „Highway-Rallye" eingesetzt.

Eine Vergangenheit beim Fernmeldenotdienst der Deutschen Bundespost hatte diese NG 1626 AS (4x4), die im Jahr 2015 noch beim Schaustellerbetrieb von Klaus-Dieter Eick aus Nienburg eingesetzt wurde. An der Front erkennt man neben einer automatischen Maulkupplung zum Rangieren auch die Propellerrolle der Rotzler Treibmatik Seilwinde, die bei diesen Fahrzeugen ebenso zur Ausstattung gehörte wie das zur hinteren Sitzbank umfunktionierte untere Bett im Fahrerhaus. Tatsächlich waren diese Zugmaschinen beim Fernmeldedienst mit insgesamt sechs Sitzplätzen zugelassen. Angehängt sind der Personal-/Packwagen, der gleichzeitig auch als Rückwand des Rundfahrgeschäfts „Twister" dient, sowie der Kassenwagen.

Mit Allradantrieb ist auch die NG 1922 (4x4) des Zeltverleihs Damerow aus Lippstadt für eventuelle Einsätze abseits der Straße bestens gerüstet. Der Palfinger PK 18002 EH stemmt bei 12,40 Meter gestreckter Ausladung der vier vorhandenen Ausschübe noch 1.140 kg und ist somit für die Schwerlastböden auf dem Krone Plattformanhänger bestens vorbereitet. Durchschnittlich wiegt ein solcher Schwerlast- oder Palettenboden, in den Maßen 2,5 x 10 Metern, knapp 1.000 kg.

Beim Nienburger Schaustellerbetrieb Köhrmann war diese allradgetriebene NG 1932 (4x4) mit diversen Fahrgeschäften auf Tour und für mich immer ein besonderer Hingucker. Grundsätzlich muss dazu auch gesagt werden, dass sich der Fuhrpark der Schaustellerfamilie, bis auf wenige Ausnahmen, farblich nie großartig verändert hat und bis heute mit klassischen Stilelementen wie z.B. rot-weiß gestreiften Stoßstangen vorfährt. Technisch werden die Zugmaschinen der Köhrmanns sowieso immer auf aktuellem Stand gehalten und haben stets noch etwas Besonderes zu bieten, wie die Heckansicht rechts zeigt. Neben der zusätzlichen Schwerlastkupplung ist am Heck die Seilführung einer Seilwinde zu erkennen, die mittlerweile auch wieder auf ein Nachfolgefahrzeug übernommen wurde. Mit Hilfe dieser Zugeinrichtung konnte in der Vergangenheit nämlich schon so mancher nasse Standplatz aus eigener Kraft und ohne fremde Unterstützung verlassen werden. Der vorhandene HMF 3620 Ladekran hob laut Herstellerangabe, in der Ausführung mit 4 hydraulischen Ausschüben, bei 12,80 Metern gestreckter Auslage noch 2.350 kg. Bei diesem Kran waren zusätzlich manuelle Verlängerungen und eine hydraulische Hubwinde vorhanden, die den Einsatzradius zwar vergrößerten, die Hublast sich dadurch aber entsprechend auch verringerte.

Mit einem Ladekran des Herstellers MKG war diese ebenfalls allradgetriebene NG 1935 (4x4) der Zeltbetriebe Kühling aus Vechta ausgerüstet. Das Foto entstand bereits in den 1990er Jahren.

Relativ aktuell ist hingegen die Aufnahme dieser gepflegten NG 1635 (4x2) des Schaustellbetriebs Fredy Schneider aus Lippstadt. Der an der klassischen, 1968 bei Pininfarina in Italien gebauten „Berg & Tal" Stahlachterbahn zur Montage eingesetzte und auf dem Heck der Zugmaschine montierte Tirre Euro 131 Ladekran ist mit einer Hubwinde ausgestattet und wird von einem Hochsitz bedient. Bei knapp 13 Metern gestreckter Auslage der vier hydraulischen Ausschübe kann eine Last von 780 kg angehoben werden. Mit einem zusätzlichen mechanischen Schubstück hebt der Kran dann noch 500 kg bei 14,80 Metern Reichweite.

Der opulent gestaltete Gastronomiebetrieb „Hanse-Kogge" der Schaustellerbetriebe Neuhaus-Sonnenberg aus Schwanewede-Beckedorf wird mit dieser NG 1633 (4x2) zu den Festplätzen „geschippert". Für die Montage der reichlich vorhandenen Ausschmückungsteile steht am Heck ein HAP K 21 Ladekran mit Vierpunktabstützung zur Verfügung.

Zum Zeitpunkt dieser Aufnahme im Jahre 2010 war der Mittelbauwagen des Mack „Musikexpress" von Michael Krause aus Lippstadt noch auf drei Achsen unterwegs. Mittlerweile wurde das vordere Fahrwerk allerdings mit einer zweiten Achse ausgestattet. Umbauten dieser Art mussten an vielen Mittelbauwagen durchgeführt werden, um die Fahrzeuge auch heute noch gesetzeskonform und sicher bewegen zu dürfen. Als Zugmaschine wurde seinerzeit diese Mercedes-Benz NG 1635 (4x2) eingesetzt, die über einen Palfinger Heckladekran verfügt und auf der Ballastpritsche mit Bauteilen des Fahrgeschäfts sowie einer Palette für Unterpallungshölzer beladen wurde. Der PK 105 B (10500 B) Ladekran erreicht mit den drei hydraulischen Ausschüben 9,60 Meter Auslage und hebt dort noch eine Last mit 940 kg Gewicht. Die Zugmaschine befindet sich aktuell immer noch im Fuhrpark des Schaustellerbetriebs und wird sporadisch eingesetzt.

Bei den Schaustellerbetrieben Barth setzte man im Jahre 2001 noch auf die bewährte Technik der NG-Baureihe. NG 1635 S (4x2) und NG 1638 S (4x2), beide mit breitem Großraumfahrerhaus. Dieses Exemplar (unten) müsste vom Baujahr aber die ältere der beiden Zugmaschinen sein, da sie noch über die seitlich am Dach angebrachten Positionsleuchten verfügt.

Seit jeher mit dem „Happy Sailor" von Manfred Howey unterwegs, ist auch diese NG 1638 (4x2). Im zweigeteilten Kofferaufbau befindet sich im vorderen Bereich die Werkstatt und der hintere Teil dient als Stauraum. Angehängt ist bei diesem Foto der dreiachsige Mack Wohnwagen von „Kapitän Howey", der auf der linken Fahrzeugseite eine Komplettbemalung mit Piratenmotiven besitzt und so beim „Happy Sailor" noch als Rückwandwagen eingesetzt werden kann. Zusätzlich dient ein Teil dieses Anhängers als Packwagen, denn über große Türen am Heck ist auch hier ein Packraum zugänglich, in dem einige der Segelschiff-Gondeln transportiert werden.

Mit einem wunderschönen Puppentheater und einem optisch passenden, erstklassig gepflegten Wagenpark reist die Familie von Hubertus Lauenburger hauptsächlich in Norddeutschland über die Festplätze. Von dieser Mercedes-Benz MK 1222 (4x2) befindet sich noch ein zweites, baugleiches Exemplar im Fuhrpark. Nach jedem Transport werden auf dem neuen Gastspielgelände die Fahrzeuge gewaschen und selbst die goldfarben lackierten Zugösen der Anhängerdeichseln von Fett befreit und nötigenfalls nachgepinselt.

Mit der Barum typischen Werkzeugkisten/Ballastpritschen-Kombination war diese Mercedes-Benz MK als Zugmaschine alleine zwischen den Ivecos unterwegs und somit der Exot bei den ziehenden Zebras. Die genaue Typenbezeichnung ließ sich nicht ermitteln. Aber es müsste sich bei diesem Fahrzeug um eine 1424 LS gehandelt haben.

Dieser Sattelauflieger wurde beim Zirkus Charles Knie lange Zeit für den Transport der vier Zeltmasten, der Zeltkuppel mit angehängter Dachplane sowie der Rondellstangen des Hauptzeltes, also des Chapiteaus, eingesetzt. Der nach dem Transportzweck genannte Chapiteauwagen wird auf diesem Foto von einer MK 1424 LS (4x2) mit dem Eurocab genannten Hochdachfahrerhaus gezogen.

Diese Mercedes-Benz SK 1635 (4x2) gehört zum Schaustellerbetrieb von Camillo Franzelius aus Schkeuditz, der mit dem Huss „Breakdancer No.1" hauptsächlich in Mitteldeutschland auf Tour ist. Auf dem mittellangen M-Fahrerhaus ist noch ein Top-Spoiler von Spier montiert, der bereits Mitte der 1970er Jahre als Spritsparspoiler präsentiert wurde und mittlerweile schon fast Seltenheitswert besitzt. Die angehängte offene Rolle stammt von Hilse Fahrzeugbau aus Hildesheim und ist mit Gondeln, der Chipkasse, sowie der Beleuchtungsanlage und dem großen Schriftzug der Rückwand beladen.

Auch diese SK 1735 (4x2) vom Schausteller Rudolf Schmitt ist mit dem mittellangen M-Fahrerhaus unterwegs und wurde passend zur in diesem Kapitel bereits gezeigten NG 1632 Zugmaschine lackiert.

Mit Imbiss- und Ausschankgeschäften ist die Offenbacher Schaustellerfamilie Bienmüller hauptsächlich im Rhein-Main Gebiet auf der Reise. Die von Marc und Carlo Bienmüller eingesetzte Mercedes-Benz SK 1735 (4x2) Zugmaschine ist mit einem Hiab 125-3 Ladekran ausgerüstet, der mit drei hydraulischen Ausschüben die Reichweite von 9,9 Metern erreicht und dort dann noch 1.050 kg Last anheben kann. Interessant ist auch der angehängte Campingwagen des Herstellers Weippert. Speziell für Schausteller wurden von Weippert auch immer wieder außergewöhnliche Sonderanfertigungen nach Kundenwusch, wie dieser Isabella 1020 mit drei seitlichen Erkern, gebaut.

Beim Solinger Schaustellerbetrieb Günter Darmann wird für die Transporte der betriebenen Imbissgeschäfte diese SK 1834 (4x2) genutzt. Der Aufbau ist ähnlich einem Koffer mit fester Abdeckung versehen und nur von beiden Seiten über die Klappen zugänglich.

Der Mittelbauwagen des ersten Huss Flippers, der vom Münchner Schausteller Clauß unter dem Namen „Playball" betrieben wurde, war als einziger mit vier Achsen ab Herstellerwerk ausgestattet. Grund hierfür war das zusätzlich über der Vorderachse gelagerte Dekoelement für die Karussellmitte, das ansonsten zu einer Achslastüberschreitung geführt hätte. Als Zugmaschine diente hauptsächlich diese SK 1948 (4x2) mit fester Ballastpritsche. Die Rundumleuchten waren übrigens, genau wie an den Mercedes Zugmaschinen des Schwagers Eugen Distel, mit Haltern am Dachspoiler befestigt.

Vor dem Mittelbauwagen der ersten von Huss gebauten Überschlagschaukel „Top Spin No. 1", wird vom Schausteller Rudi Bausch, aktuell noch eine Mercedes-Benz SK 1948 (4x2) als Zugmaschine eingesetzt. Auf der Pritsche wird ein 10 ft Container transportiert, der die komplette Steuerung und Elektrotechnik der Schaukel beinhaltet.

Von 1980 bis 2011 war die Bremer Schaustellerfamilie Uhse mit dem Fahrgeschäft „Die Krake", einem von der Firma Schwarzkopf gebauten Monster III auf der Reise. Die eingesetzte, MB SK 1948 (4x2) Zugmaschine war mit einem Palfinger Heckkran ausgestattet und wurde auch zum Transport der Beleuchtungsträger auf der Ballastpritsche genutzt. Der angebrachte Kühlergrill der jüngeren SK 94 Baureihe wurde im Rahmen einer Neulackierung des LKW montiert.

Komplett auf Geisterbahnen hat sich Rudolf Schütze aus Oberhausen spezialisiert. Zum Fuhrpark des Schaustellerbetriebs gehört auch diese, mit einem am Heck montierten Atlas 140.1 Ladekran ausgestattete Mercedes-Benz SK 1850 (4x2).

Mit einem kräftigen Palfinger PK 32000 war diese SK 1850 (4x2) beim Stuttgarter Schaustellerbetrieb der Familie Kinzler für die Montage des Huss Break Dance 2 verantwortlich, der sich immer noch im Familienbesitz befindet und unter dem Namen „Breakdance No. 1" betrieben wird. Der PK 32000 F ist mit Vierpunktabstützung, Hubwinde, Endlosschwenkwerk und mit sieben hydraulischen Ausschüben ausgerüstet, die eine Reichweite von 18,90 Metern erreichen. Hier hebt der Kran dann noch 1.010 kg. Auf diesem Foto ist die, in einem Mack-Wagen präsentierte, historische Hooghuys (B) Kirmesorgel der Schaustellerfamilie Kinzler angehängt. Die Kranmaschine, die bereits den veränderten Kühlergrill der sogenannten SK 94 Bauserie trägt, wurde durch eine Scania Zugmaschine in der Version 6x4 ersetzt.

Die Mercedes-Benz SK Baureihe wurde auch bei der Familie Barth in verschiedenen Varianten angeschafft. Die Mercedes-Benz 1850 LS (4x2) in der Version SK 88, hier mit einer absattelbaren Ballastpritsche, war ebenso vertreten ...

... wie diese etwas jüngere 1850 LS (4x2) als SK 94 Facelift. Auf dem hier abgebildeten Containerchassis ist ein offener Transportcontainer mit Schienen der „Olympia Looping" Achterbahn verladen.

Mit dem Eurocab genannten Hochdach auf dem Großraumfahrerhaus verfügt die SK 1850 (4x2) des Schaustellers Manuel Schneider, über das seinerzeit größte lieferbare Serien-Fahrerhaus der Baureihe. Da der aus Lippstadt stammende Schausteller an seinem, von Cosmont aus Italien gelieferten Autoskooter „Hard Rock Drive" zudem schon frühzeitig große Fahrbahnelemente einsetzte, war auch ein entsprechend leistungsfähiger Ladekran notwendig, der auf dem Heck und hinter dem Plattformaufbau montiert wurde. Der PK 23002 verfügt in der Version F über acht hydraulische Ausschübe, kann bei 18,90 Metern noch eine Last von 650 kg heben und wurde zusätzlich mit einer Hubwinde ausgestattet. Auf dem Plattformaufbau werden diverse Container verladen, die z.B. als Personalunterkunft oder als Werkstatt dienen.

Mit gleichbleibend außergewöhnlicher Farbgestaltung rollt der Fuhrpark des in Oberösterreich, genauer gesagt in der Stadt Wels, beheimateten Schaustellers Ludwig Rieger auch auf deutsche Festplätze. Hinter der SK 1853 (4x2) mit dem Eurocab Fahrerhaus hängt einer von zwei Mittelbauwagen des „Chaos". Dieses Fahrgeschäft wurde vom niederländischen Hersteller KMG gebaut und trägt den Produktionsnamen „Afterburner 24". Dabei handelt es sich um eine Schaukel mit drehbarem Fahrgastträger für 24 Fahrgäste, die lediglich auf den zwei Mittelbauwagen transportiert wird.

Festzelte werden gerne mal auf Flächen platziert, die für Fahrgeschäfte mit hochbelasteten Abstützpunkten eher ungeeignet sind. Für den Auf- und Abbau müssen die Zeltverleiher diese Stellplätze aber irgendwie befahren und deshalb setzen in der Vergangenheit die meisten Betriebe auf Allradantrieb bei den Zugmaschinen. Wilhelm Suhle aus Lindern in Oldenburg setzte Anfang der 2000er Jahre noch diese SK 1844 AS (4x4) ein. Die mit Unterpallungshölzern und Werkzeug beladene Pritsche wurde ungewöhnlich hoch auf den Hilfsrahmen der Vierpunktabstützung des Atlas 255.1 Ladekrans montiert. Der angehängte Dreiachsanhänger ist dabei typisch für Zeltbetriebe. Ehemalige im Speditionsgewerbe eingesetzte 8 Meter Pritschenanhänger werden zum Plattformwagen zurückgebaut und eignen sich hervorragend für den Transport der meistens 10 Meter langen Schwerlastböden.

Langarm Ladekrane, die sonst eher im Baustofftransport-Sektor beheimatet sind, können, je nach Typ, große Lastmomente über eine weite Auslage bewegen. Der Nachteil dieser Bauart besteht alleine darin, dass das Ablegen quer zum Fahrzeug nicht möglich ist. Beim Zeltbetrieb Kühling aus Vechta wurde der Atlas AK 200.1 bei Straßenfahrt auf einer Stütze hinter dem Fahrerhaus dieser SK 1838 (4x4) abgelegt und ließ so die Beladung der Pritsche mit Unterpallung und Werkzeug problemlos zu.

Auch der Zeltbetrieb Barrawasser aus Grevenbroich setzte Anfang der 2000er Jahre auf die Langarmbauweise von Atlas. Der AK 140.1 wurde auf dieser SK 2024 (4x4) montiert, die zum Allradantrieb noch mit Einzelradbereifung 14.00 R 20 auf die Festplätze rollte.

Ab 1983, zunächst parallel mit den letzten NG und später neben dem SK, rollten die Fahrzeuge der leichten und mittelschweren Mercedes-Benz LK Baureihe vom Band, die werksintern auch als LN 2 bezeichnet wurden. Diese, optisch sehr schön gestaltete Zugmaschine mit festem Kofferaufbau konnte ich 2022 noch aktiv im Einsatz ablichten. Leider waren am Fahrerhaus keine Typenschilder mehr angebracht und somit bleiben genauere Angaben unbeantwortet.

Diese 201 PS starke LK 1320 LS (4x2) gehörte, mit 13 Tonnen Gesamtgewicht, schon zu den mittelschweren Fahrzeugen im Mercedes Programm. Genutzt wurde die, mit einem festen Kofferaufbau versehene, ehemalige Sattelzugmaschine für den Transport „Ostfrieslands modernster Reisekonditorei" von Theo und „Hinni" Hinrichs aus Buttforde. Um bei leerem Koffer genügend Gewicht auf der Antriebsachse zu haben, war der Heckunterfahrschutz durch einen schweren Stahlblock ersetzt worden.

Renato Betti aus Dortmund ist der Besitzer eines in Frankreich bei Marcel Lutz gebauten Babyflug und betreibt den Karussellklassiker auf den Festplätzen als „Disney-Star". Der Mittelbauwagen wird dabei von einer Mercedes-Benz LK 1320 (4x2) mit Kofferaufbau gezogen. Im Aufbau selbst befinden sich ein Personalabteil und ein Packraum.

Auch beim Krefelder Schaustellerbetrieb von Wilhelm Kleuser wurde auf die mittelschwere LK-Baureihe von Mercedes Benz gesetzt. Die LK 1320 (4x2) war mit einem Wechselrahmen ausgerüstet, der bei dieser Aufnahme einen Wohnkoffer trägt. Um den Erker an der Stirnwand ausschieben zu können, musste dieser Aufbau allerdings abgesetzt werden. Ob diese Zugmaschine aktuell noch genutzt wird, entzieht sich meiner Kenntnis. Die jüngeren Fahrzeuge im Fuhrpark der Schaustellerfamilie, die mit einer großen Auswahl an Schokofrüchten auf namhaften Veranstaltungen zu finden ist, sind mittlerweile in silbernem Farbkleid auf der Reise.

Nachfolgebaureihe des LK wurde ab 1998 die Atego-Baureihe, die hier in der eher seltenen, schweren Version als 1828 LS (4x2) zu sehen ist. Die, mit der auffälligen Farbkombination lackierte, Zugmaschine besitzt das Hochdachfahrerhaus und einen festen Kofferaufbau.

Ebenfalls mit dem Hochdachfahrerhaus ist diese leichte Atego 823 (4x2) Zugmaschine ausgerüstet. Daniel von Seggern zieht damit sein „Frietje-Huis" und den Kühlwagen im klassischen Doppelgespann zu den Veranstaltungen.

Diese leichte Atego 828 (4x2) Sattelzugmaschine, mit aufgesatteltem New Vision 5th-Wheel Camper des US Herstellers K.Z. Inc. aus Shipshewana Indiana, verfügt auch über das größte Fahrerhaus dieser Baureihe. Auf dem Fahrgestell ist vor der Sattelplatte ein kurzer Kofferaufbau montiert, der als Packraum z.B. für Schläuche und Kabel genutzt werden kann.

Bereits im Jahre 2001 wurden die schweren Atego von der neu eingeführten Baureihe Axor abgelöst. Diese Axor 1840 LS (4x2) Zugmaschine von Bernhard Vorlop ist ein Fahrzeug der ersten Bauserie. Mit dem sogenannten Aeropaket am Hochdachfahrerhaus und dem farblich angepassten festen Kofferaufbau, der von der Vorgängerzugmaschine umgesetzt wurde, ist die Zugmaschine optisch ein Hingucker. Der angehängte Wohnwagen in klassischer Tonnendach-Bauweise wurde von Dietz Fahrzeugbau gefertigt.

Bei Julius Ostermann's Grillkate wurde diese Mercedes-Benz Axor 1840 LS (4x2) für die anfallenden Transporte genutzt. Hierbei handelt es sich um ein Fahrzeug der zweiten Bauserie, gut zu erkennen an der geänderten Frontgestaltung mit größeren Hauptscheinwerfern und gröberer Frontgrillstruktur, die im Jahre 2004 präsentiert wurde.

Man mag es auf den ersten Blick kaum glauben, aber bei diesem Foto handelt es sich um die Zugmaschine, die vorher bei Julius Ostermann im Einsatz war. Der Schausteller Pascal Braun übernahm sowohl die Grillkate als auch den zugehörigen Fuhrpark. Die Zugmaschine wurde daraufhin mit einigen Anbauteilen, wie z.B. dem Aeropaket und einem Kühlergrill der letzten Bauserie auf ein anderes Erscheinungsbild umgebaut. Der feste Kofferaufbau wurde gegen eine Sattelplatte sowie einen Wechselrahmen für die Kofferbrücke getauscht und eine Lackierung im Design des neuen Konzepts, „Die Wurst Bude", sorgt für ein stimmiges Gesamtbild.

Aus der zweiten Bauserie stammt die Axor 1843 (4x2) des Bremer Schaustellers Rudolf (Rudi) Robrahn. Der kräftige Atlas AK 300.1 Ladekran mit Vierpunktabstützung war für die Montagearbeiten an den vormals betriebenen Fahrgeschäften durchaus notwendig. Angehängt sieht man bei dieser Abbildung die offene Dreiachsrolle der Huss Schaukel „Frisbee", auf der die komplette Fahrgastgondel verladen war.

Als Nachfolger in der schweren Klasse (SK) wurde 1996 der Actros auf den Markt gebracht. Mit diesem Foto zeige ich dann auch einen außergewöhnlichen Vertreter der ersten Bauserie. Welche Basis hinter dieser 2011 von mir fotografierten auffälligen Actros 1840 (4x2) Sattelzugmaschine steckt, das kann ich leider nicht beantworten. Das Fahrgestell wurde aber augenscheinlich nach hinten verlängert und die Sattelkupplung relativ weit zum Heck montiert. Der hinter dem Fahrerhaus zu sehende Wohnkoffer war mit zwei ausziehbaren Erkern ausgestattet und konnte von der Rückseite her betreten werden. An den aufgesattelten Teton Homes 5th-Wheel Camper wurde dann zusätzlich noch ein Tandem-Kofferanhänger angehängt. Unterwegs war dieser „Mini Roadtrain" übrigens in den Niederlanden beim Circus Belly-Wien der Familie Zinnecker.

Der aus Bruchhausen-Vilsen stammende Schausteller Lars Stummer ist Besitzer des 1975 von der Firma Bakker (NL) gebauten und sehr gepflegten Fahrgeschäfts „Polyp". Im Doppelgespann, bestehend aus Mittelbau- und Kassenwagen hinter der Actros 1840 (4x2), geht es ab zum nächsten Festplatz.

Ebenfalls im Doppelgespann mit zwei wunderschönen Dietz Tonnendachwagen ist die Actros 1735 L (4x2) Zugmaschine der Schaustellerfamilie Bienmüller auf dem Weg zum neuen Veranstaltungsort. Auch diese Zugmaschine des reisenden Gastronomiebetriebes ist mit einem Heckladekran ausgerüstet. Der mit Hubwinde ausgestattete Palfinger PK 26000 in der Ausführung E verfügt über sechs hydraulische Ausschübe mit einer Reichweite von 16,80 Meter. Dort stemmt der Kran dann noch ein Gewicht von 1.090 kg.

Diese Mercedes-Benz Actros L aus der ersten Generation zieht nach flottem Abbau den Chapiteauwagen des Circus Belly-Wien vom Platz. Die vom Fahrzeugbau Marco Pfaff angefertigte und von der Familie Zinnecker mit notwendigem Zubehör zur Ladungssicherung ausgestattete offene Rolle ist für den Transport der Zeltmasten, die Kuppel mit angehängter Dachplane, die Rondellstangen sowie die Absegelung genannten, Drahtseile und Gurte funktionell zugeschnitten.

Im August 2014 rollt der Mittelbauwagen des „Happy Sailor" vom Festgelände der Cranger Kirmes in Herne. Damals noch gezogen von der Actros 1848 LS (4x2) mit fest aufgebauter Ballastpritsche und geladenem Wohncontainer des Vorarbeiters. Die Zugmaschine fing einige Zeit später bei einem Transport leider Feuer und brannte komplett aus. Der von der Karussellfabrik Mack gefertigte Mittelbau des Rundfahrklassikers kommt zum Heck allerdings etwas abfallend daher. Dieser Höhenunterschied ist durch den notwendig gewordenen Umbau des Vorderachsfahrwerks von einer auf zwei Achsen begründet.

Einheitliche Farbgestaltung und ein gepflegtes Erscheinungsbild des Fuhrparks wird bei der Münchener Schaustellerfamilie von Siegfried Kaiser großgeschrieben. Optische Veränderungen an den Zugmaschinen kann man fast jährlich beobachten, wobei der Blick auf die Typenbezeichnungen doch eher als nebensächlich betrachtet werden sollte. Diese Actros L der ersten Baureihe wurde z.B. mit einem Kühlergrill der MP 2 Baureihe „modernisiert". Die an den Türen angebrachte Typenbezeichnung war ab Werk eigentlich keine Option. Bei den 4x2 Fahrzeugen wurde nämlich die mit 570 PS stärkste Variante des V 8 Motors ausschließlich mit der größten Kabine, der LH Megaspace-Version angeboten. Bei der hier angehängten offenen Rolle des Zierer Hochfahrgeschäfts „High Energy" dürfte das Zugfahrzeug trotzdem über ausreichend Leistungsreserven verfügen. Der vierachsige Plattformanhänger wurde von Fahrzeugbau Hilse aus Hildesheim gebaut und ist u.a. mit dem Werkstattcontainer und Fußbodenelementen beladen.

Ebenfalls mit dem MP 2 Kühlergrill „gepimpt" wurde diese Actros L 1853 LS (4x2) Zugmaschine, die den fünfachsigen Mittelbauwagen des „Skater" im Schlepp hat. Das Hochfahrgeschäft wurde in den Niederlanden bei Mondial unter dem Projektnamen Top Scan gebaut. Die Fahrzeugtechnik des Mittelbaus stammt bei diesen Fahrgeschäften von der Firma Roodberg aus Terband - Heerenveen (NL), die sich auf den Bau von Spezialfahrzeugen konzentriert hat.

Bei dieser ebenfalls mit einer absattelbaren Ballastpritsche ausgestatteten Zugmaschine könnte die angebrachte Typenbezeichnung 1857 LH Megaspace (4x2) durchaus zutreffen. Angehängt ist ein Wohnwagen, der vom Fahrzeugbau Dietz in klassischer Rundachbauweise hergestellt wurde. Um auch im Sommer ein angenehmes Klima in den „vier Wänden" zu erreichen, sind viele dieser älteren Wohnwagen mit Klimaanlagen nachgerüstet worden, die wie z.B. bei Lkw in Dachluken eingesetzt werden.

Dass es sich bei dieser Zugmaschine mit dem mittellangen M-Fahrerhaus auch um einen Actros der ersten Bauserie handelt, fällt eigentlich nur an der Bauform der Frontstoßstange und den Scheinwerfern auf. Der Schausteller Manuel Renz spendierte dem Fahrzeug im Rahmen einer farblichen Veränderung die Frontpartie der MP 2 Baureihe.

Von der Karussellfabrik Zierer stammt auch der Kettenflieger „Wellenflug" des Schaustellers Mario Blume aus Leese. Der recht kompakte Mittelbauwagen im originalen Auslieferungszustand wird auf diesem Bild von einer Actros 1843 LS (4x2) Megaspace Sattelzugmaschine gezogen, die mit einer aufgebrückten Wechselpritsche ballastiert wurde.

Ebenfalls aus der ersten Actros Bauserie stammt diese 1857 LS (4x2), die beim Schaustellerbetrieb von Michael Hartmann den Transport des Mittelbauwagens …

… und mit dem kräftigen Palfinger PK 32080 D Heckladekran auch für die Montage des Fliegenden Teppichs „1001 Nacht" des Herstellers Weber Maschinenbau aus Bremen genutzt wird. Der mit Vierpunktabstützung ausgestattete Ladekran ist bei gestrecktem Arm und einer hydraulischen Reichweite der fünf Ausschübe von 14 Metern noch in der Lage, ein Gewicht von 1.790 kg zu heben. Ebenfalls am Heck zu sehen sind die zwei Anhängerkupplungen, von denen die obere als Schwerlastversion (50 mm Bolzendurchmesser) für den Mittelbauwagen erforderlich ist. Das Fahrgestell dieser Anlage besteht aus zwei Protzen des Herstellers Schmidt-Fahrzeugbau aus Ründeroth, die über Twistlock-Verschlüsse mit dem Grundrahmen verbunden werden.

Der Circus kommt, hier sogar allradgetrieben. Beim Circus Renz International (Direktion Franz Renz) wird diese Mercedes-Benz Actros 2040 AS (4x4) mit L Flachdach-Fahrerhaus eingesetzt, um auch bei nicht befestigten Plätzen die reichlich vorhandenen Sattelauflieger des Unternehmens platzieren zu können. Bei dieser Transportfahrt ist ein Spezialauflieger für den Tiertransport aufgesattelt.

Auch der Zeltbetrieb Kühling wechselte von NG und SK auf die Actros Baureihen, wie die Fotos dieser 1835 AS (4x4) mit Atlas AK 200.1 Ladekran …

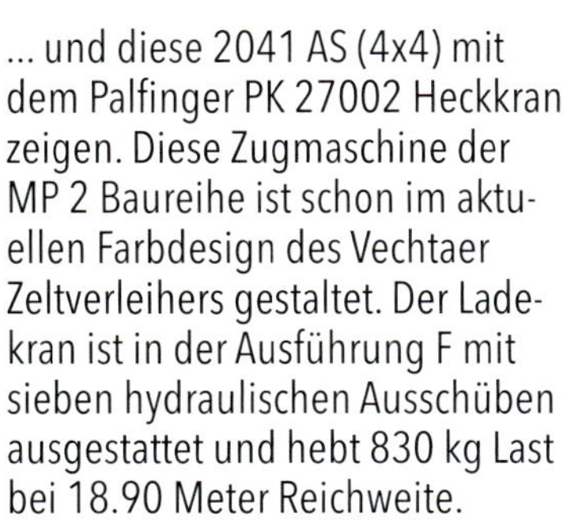

… und diese 2041 AS (4x4) mit dem Palfinger PK 27002 Heckkran zeigen. Diese Zugmaschine der MP 2 Baureihe ist schon im aktuellen Farbdesign des Vechtaer Zeltverleihers gestaltet. Der Ladekran ist in der Ausführung F mit sieben hydraulischen Ausschüben ausgestattet und hebt 830 kg Last bei 18.90 Meter Reichweite.

Vom Grevenbroicher Zeltverleih Barrawasser übernahm die Familie Köllner für ihren Circus Salto diese allradgetriebene Mercedes-Benz Actros 2036 AS (4x4) mit flachem L-Fahrerhaus und fester Ballastpritsche. Der angehängte Wohnwagen stammt von Marko Pfaff Fahrzeugbau aus Bad Lausick in Sachsen.

Noch beim Zeltbetrieb Barrawasser im Einsatz ist diese Actros der MP 2 Baureihe, 1841 AS (4x4) mit dem hohen L-Fahrerhaus, Einzelradbereifung im Format 14.00 R 20 als XZL Blockprofil und einem Terex TLC 210.2 Ladekran. Dabei muss aber erwähnt werden, dass der Hersteller Atlas zwischenzeitlich als Terex-Atlas und danach für einen kleinen Zeitraum nur als Terex firmierte, wie an diesem Langarm-Kran zu erkennen ist. Nach Verlusten im Konzern trennte sich Terex wieder von der Sparte Atlas Maschinenbau, die nun wieder selbstständig diesen Krantyp mit der alten Bezeichnung AK 210.2 anbietet. Der Pritschenaufbau auf dieser Zugmaschine stammt von Michels Fahrzeugbau, die auch für die Kranmontage verantwortlich ist. Typisch für Zugmaschinen der Firma Barrawasser sind die kleinen Fenster im hinteren Teil des Fahrerhauses. An der Front wurde unterhalb der Stoßstange eine massive Stahlplatte zur Aufnahme der Rangierkupplung montiert. Trotz der hohen Bereifung können die Anhänger beim Rangieren so mit gerade verlaufender Krafteinwirkung über die Deichsel bewegt werden.

Nur mit einem Straßenantrieb ist diese Actros 1844 (4x2) des Zeltverleihs Böseler aus Stadland in Niedersachsen ausgestattet. Die Zugmaschine der MP 2 Bauserie verfügt über einen heckmontierten Palfinger PK 29002 Ladekran in der Ausführung G mit acht hydraulischen Ausschüben und 710 kg maximaler Hubkraft bei 21,10 Meter Reichweite in gestreckter Auslage.

Am Laufgeschäft „Big Bamboo" der Oldenburger Schaustellerfamilie Hempen werden die Montagearbeiten mit dem Palfinger Ladekran dieser Actros MP 2 1846 LS (4x2) erledigt. Dieser PK 29002 E verfügt allerdings „nur" über sechs hydraulische Ausschübe mit 16,70 Meter Reichweite. Dafür ist der serienmäßig mit Endlosschwenkwerk und Vierpunktabstützung ausgerüstete Kran zusätzlich mit noch einer Hubwinde ausgestattet.

Auch der aus Dortmund stammende Schausteller Rudolf Isken setzt eine Actros 1846 LS (4x2) der MP 2 Baureihe ein, die allerdings über eine feste Ballastpritsche mit hoher Plane verfügt. Die angehängte offene Rolle wurde von Vogel Karosseriebau aus Arnsberg gefertigt und dient zum Transport der neuen Fahrbahn des Mack Zweisäulen Skooters „Number 1". Diese Fahrbahn besteht nun nicht mehr aus vielen Einzelteilen, die mühsam verlegt werden müssen, sondern aus großen Elementen, die ähnlich den Schwerlastböden eines Festzeltes über die komplette Fahrbahnbreite reichen und mit einem Ladekran verlegt werden. Die Elemente sind 2,50 Meter breit und kombinieren die Sohle, die Fahrbahn und den Umlaufbereich, das sogenannte Podium. Vorteil dieser großen Bauteile ist der enorme Zeitgewinn beim Auf- und Abbau, sowie eine Reduzierung des notwendigen Personals.

Der Pritsche/Plane Festaufbau auf dieser Actros LH Megaspace 1848 LS (4x2) von Manfred Howey ist mit einem Schiebeverdeck ausgerüstet, das komplett nach vorne geschoben werden kann. Die mitgeführten und in kranbaren Gitterboxen lagernden Unterbaumaterialien können dadurch bequem mit dem vorhandenen Ladekran der NG-Zugmaschine ent- oder verladen werden. Der gezogene Anhänger, eine Kombination aus geschlossenem Pack- und offenem Plattformwagen, wurde wie der „Happy Sailor" selbst von der Wagenfabrik Mack gefertigt. Da besonders im hinteren Bereich die schwersten Bauteile des Fahrgeschäfts transportiert werden, wurde der ursprünglich auf drei Achsen rollende Anhänger mit einer zusätzlichen Achse auf geltende Vorschriften angepasst.

Als diese Actros Sattelzugmaschine mit dem LH Megaspace Fahrerhaus von der Familie Zinnecker für ihren Circus Belly aus Wien übernommen wurde, kam sie noch schlicht in weißem Lack und mit der Typenbezeichnung als 1844 LS (4x2) daher. Nach optischer Anpassung auf das Unternehmen und mit einigen Zubehörteilen ausgestattet ist das Fahrzeug auch beim Circus Maximum immer noch aktiv im Dienst. Der aufgesattelte Auflieger war ursprünglich ein handelsüblicher Jumbokoffer, der durch die Familie Zinnecker zum Tiertransporter umgebaut wurde.

Bei einer Länge von knapp 18 Metern verlangt der Mittelbauwagen des „Magic House“ dem Fahrer im Megaspace Fahrerhaus dieser Actros 1855 LS (4x2) schon eine gewisse Routine ab. Leistungstechnisch muss er sich bei 551 PS des V8 Motors aber sicherlich keine Gedanken machen. Für die Montage, des 1983 von Dietz aus Ziegenhain gebauten Laufgeschäfts, steht Andreas Kutschenbauer ein MKG Ladekran am Heck dieser Zugmaschine zur Verfügung.

Diese Actros MP 2 1841 LH Megaspace (4x2) Sattelzugmaschine der niederländischen Schaustellerkooperation Denies und Hoefnagels, die hier mit einem Travel Supreme Ami-Wohnauflieger zu sehen ist, kann bei Bedarf mit einem Wechselaufbau zur „Kranmaschine“, wie Zugmaschinen mit Ladekran in der Branche genannt werden, aufgerüstet werden. Der Palfinger PK 27000 in der Ausführung D verfügt über fünf hydraulische Ausschübe, mit einer maximalen Hubkraft von 1.380 kg bei 14,50 Metern Reichweite. Zur weiteren Ausstattung gehören eine hydraulische Hubwinde sowie eine Sechspunkt Abstützung. Die Versorgung der Hydraulik wird von einem Dieselaggregat auf der Ladefläche des mit Twistlocks gesicherten Wechselaufbaus übernommen.

Farblich eine der Außenseiter im Fuhrpark von Siegfried Kaiser, aber optisch so richtig gut gelungen ist diese Actros MP 2 1846 LS (4x2). Die silberfarbene Grundlackierung zusammen mit den in Kaiser-Grün abgesetzten Anbauteilen sowie die Beklebung in Form eines Filmstreifens mit Bildern aus der Firmengeschichte machen das Fahrzeug zum echten Hingucker. Auch an dieser, mit dem großen LH Megaspace Fahrerhaus ausgestatteten Sattelzugmaschine, wurde das Heck mit Schwerlasttraverse und zwei Anhängerkupplungen mit 40 und 50 mm Bolzen für den Anhängerzugbetrieb angepasst und am Fahrgestell die notwendige Aufnahme für Wechselbrücken montiert.

Andreas Alexius ist mittlerweile von Iveco zu Mercedes-Benz umgestiegen und setzt diese Actros Megaspace LS (4x2) mit leistungsstarkem V 8 Motor und dem betriebstypischen Wechselsystem ein. Der Wohnwagen in der sogenannten Containerbauweise entstand meines Wissens in den Fabrikhallen von Müller Fahrzeugbau in Ründeroth.

Im Jahr 2004 präsentierte Mercedes-Benz die auf 250 Exemplare limitierte Black-Edition. Die Actros LH Megaspace 1861 LS (4x2) Sattelzugmaschinen wurden allesamt in schwarzer Lackierung ausgeliefert und mit Anbauteilen versehen, die nur bei diesem Modell Verwendung fanden. Auffälligste Merkmale sind der Kühlergrill und die mit Lufteinlässen ausgestattete Bugschürze, beides mit feinmaschigen Rautengittern aus Edelstahl hinterlegt, die den Bezug zu den Sportwagen aus dem Konzern suggerieren sollten. Mit dem „japanischen Fadenziehenden" unterwegs und aus Stuttgart stammend, ist der Schausteller Stefan Neuser stolzer Besitzer dieser 612 PS starken Zugmaschine, die über den 16 Liter OM 502 LA V8 Motor verfügt und mit einem farblich passenden Wechselkoffer für das Reisegewerbe tauglich gemacht wurde.

Mit zwei Wagen im Schlepp verlässt die Actros 1841 (4x2) des Schaustellers Camillo Franzelius aus Schkeuditz den Braunschweiger Festplatz. Hinter der Actros MP 3 Zugmaschine, die mit einem L Hochdach Fahrerhaus ausgestattet ist, hängen der von Dietz gebaute Wohnwagen sowie ein Mannschaftswagen in typischer DDR-Bauform als sogenanntes Doppelgespann.

Das mittellange M-Fahrerhaus ist auf dieser 1841 LS (4x2) MP 3 Sattelzugmaschine der Skyliner GmbH des Schaustellers Thomas Schneider aus Soest zu sehen. Der, hinter dem Fahrerhaus montierte Atlas 165.2 ML+ a4 Ladekran verfügt über vier hydraulische Ausschübe mit einer Reichweite von 12,34 Metern. Komplett gestreckt kann dort noch ein Lastgewicht von 1.050 kg gehoben werden. Das Absetzen der Ballastbrücke erfolgt bei diesem Fahrzeug mit dem Kran.

Ebenfalls ein Vertreter der MP 3 Baureihe und dazu sogar noch ein allradgetriebener. Die 2046 AS (4x4) des Zeltverleihs Stockhorst aus Stadtlohn fuhr mir zwar mit einer „verletzten" Rundumleuchte auf dem M-Fahrerhaus vor die Kamera, macht mit dem mächtigen MKG Ladekran aber trotzdem ordentlich Eindruck. Mit dem HLK 291 HP a6, der mit seinen sechs hydraulischen Ausschüben eine Reichweite von 16,30 Metern erreicht und dort dann noch 1.230 kg an Lastgewicht stemmt, ist das Verlegen der Schwerlastböden vom Plattformanhänger ein Kinderspiel. Für einen sicheren Stand sorgen dabei die breiten Füße der Vierpunktabstützung.

Diese Actros L 1855 (4x2) ersetzte bei der Schaustellerfamilie Barth die jüngere SK 1850, wurde aber zusätzlich noch mit einem Palfinger Ladekran des Typs PK 20001-K ausgerüstet, der mit den vier vorhandenen Ausschüben in der Ausführung C noch 1.300 kg bei einer Reichweite von 12,50 Meter hebt. Die absetzbare Ballastbrücke wurde in der Länge entsprechend eingekürzt und verbirgt eine vorhandene Sattelplatte. Der eingebaute OM 502 LA V8 Dieselmotor leistet bei knapp 16 Litern Hubraum 551 PS und erfüllt die Euro-5 Abgasnorm.

Mit „nur" 408 PS Motorleistung aus dem OM 501 LA V6 Dieselmotor mit 12 Litern Hubraum ist die MP 3 1841 (4x2) des Schaustellers Rainer Schmidt aus Oldenburg für die Transporte des Reisegastronomiebetriebs „Bauerndiele" aber ausreichend stark motorisiert. Die ehemalige Lowliner Sattelzugmaschine wurde mit einem Wechselrahmen für die Aufnahme der vorhandenen Kofferbrücken ausgerüstet.

Ob es sich bei diesem Foto des Mercedes Actros LH Megaspace tatsächlich um eine Zugmaschine der Baureihe MP 3 und des Typs 1846 LS handelt? Beim Nienburger Schausteller Martin Blume verändern die vorhandenen Fahrzeuge recht häufig das Erscheinungsbild und werden durchaus auch mal während der Saison einer „Frischzellenkur" unterzogen. Optisch und technisch rollt der Fuhrpark aber stets einwandfrei auf die Festplätze. Die von Fahrzeugbau Marco Pfaff gebaute Fünfachs-Rolle gehörte zur Großgeisterbahn Deamonium, die bereits Ende der 1970er Jahre von Mack als „Kingdom of Magic" an den Schausteller Renoldi ausgeliefert wurde. Beladen war der mächtige Anhänger, der mittlerweile von Sattelaufliegern abgelöst wurde, mit dem Kassencontainer, einer Staubox für Planen sowie drei Spezialpaletten für Schienen.

Diese MP 3 LH Megaspace Actros 1855 LS wird bei der Familie Kipp am „Europa Rad" als Sattelzugmaschine und mit absetzbarer Ballastpritsche auch für den Anhängerbetrieb eingesetzt. Der offene Auflieger ist aus einem Jumboauflieger des Herstellers Ackermann entstanden und mit den Kassen, den Leuchtschriften und Teilen vom Eingangsbereich des Riesenrads beladen.

Thomas Schmidt aus Mannheim bereist mit mehreren, exklusiv gestalteten Warenausspielungen in Form von sogenannten Greifern die Festplätze. Für die Transporte wird diese Actros 1848 LS mit dem 2,30 m breiten L Stream Space Fahrerhaus und absetzbarem Wechselkoffer genutzt. Nebenbei bemerkt gehört diese Zugmaschine zu einer der ersten Exemplare der 2011 eingeführten neuen Actros Generation, die auf die Festplätze rollte und bei Mercedes-Benz schlicht als „der neue Actros" bezeichnet wird.

Diese Actros 1827 (4x2) Zugmaschine des Schaustellers Claus Dannehl aus Braunschweig verfügt über das 2,30 m breite L Classic Space Fahrerhaus, welches tiefer auf dem Fahrgestell ruht, deshalb aber auch mit einem höheren Motortunnel ausgestattet ist. Für den Antrieb der Zugmaschine sorgt der 272 PS leistende Reihensechszylinder-Dieselmotor OM 936 LA. Dieser Motortyp ist, mit 7,7 Liter Hubraum, die kleinste verfügbare Motorisierung der Actros Baureihe und wird im Leistungsbereich von 238 PS bis 354 PS angeboten. Neben dem Wechselrahmen, der hier eine Kofferbrücke trägt, ...

... verfügt das Fahrzeug über eine interessante Anbauvariante der Anhängerkupplung, die sonst eher am Heck von Ackerschleppern zu finden ist. Der Rockinger Anbaubock, auch Anbauschlitten genannt, ermöglicht eine einfache Höhenverstellung der Anhängerkupplung und somit auch einen optimalen Zugwinkel zum Anhänger. Zusätzlich kann die Maulkupplung auch aus dem Schlitten entnommen werden und gegen andere Systeme, wie z.B. einem Kugelkopf getauscht werden.

Zwischen den Reihengeschäften zwar etwas ungünstig abgestellt konnte ich kurz vor Drucklegung noch diese Actros L Stream Space 1845 (4x2) ablichten, die bereits mit dem MirrorCam genannten Kamerasystem ausgerüstet ist. Der Schausteller Marko Hensel aus Oberhausen setzt die Zugmaschine mit absetzbarem Kühlkoffer am „Hamburger Schlemmer Buffet" genannten und auf allerlei Fischdelikatessen spezialisierten Imbissbetrieb ein.

Ebenfalls mit dem Stream Space L Fahrerhaus wurde diese Actros 1851 LS Zugmaschine an den Schausteller Manuel Zinnecker ausgeliefert. Beladen mit der Kasse der Loopingschaukel „The King" auf dem absetzbaren Plattformaufbau und angehängtem Rückwand-/Transportwagen in einheitlicher Farbgestaltung ist das Gespann optisch ein Hingucker.

Links: Auch der hinter dem Fahrerhaus montierte Ferrari 728 Ladekran mit angebautem Fly-Jib muss sich nicht verstecken. Mit Hubwinde ausgestattet stemmt der „Italiener" noch 625 kg bei 21,24 Meter Auslage.

Rechts: Beim Zeltbetrieb Kühling ist der neue Actros in Form einer 1845 LS (4x2) Stream Space (2,3 m) im Einsatz. Der heckmontierte PK 34002-SH von Palfinger hebt in der Version G, mit 8 hydraulischen Ausschüben bei etwas über 21 Metern gestreckter Auslage noch 930 kg und ist mit einem Endlosschwenkwerk sowie der Vierpunktabstützung für die Verlegung der Schwerlastböden bestens ausgestattet. Der für den Aufbau der Zugmaschine verantwortliche Stahl- und Fahrzeugbaubetrieb Gellhaus fertigt übrigens auch Schwerlastböden für Festzelte und verfügt bei der Kundenberatung somit über das nötige Fachwissen.

Ein identischer Ladekran ist auch beim Zeltbetrieb Böseler auf die neue Actros 1848 LS (4x2) montiert worden. Hier entschied man sich allerdings für das 2,50 m breite Fahrerhaus in der Big Space Version. Wie schon auf einigen vorangegangenen Fotos zu sehen, wurde auch dieses Fahrzeug mit einer Traverse zur Aufnahme einer Rangierkupplung an der Front ausgestattet. An den Aufnahmen der Abschleppösen dauerhaft befestigt, werden so die, der Aerodynamik zum Opfer gefallenen, Anhängemöglichkeiten der alten Stoßstangen ersetzt.

Das niedrigere Stream Space L Fahrerhaus in der 2,5 m breiten Ausführung ist bei dieser 1851 LS (4x2) Lowliner Sattelzugmaschine von Bernhard Parpalioni aus Stuttgart zu sehen. Der absetzbare Wohnkoffer dient dem Personal der betriebenen Warenausspielungen, wie der mit Pusher-Automaten ausgestatteten mobilen Spielhalle „Bora-Bora", als Unterkunft.

Ebenfalls mit einer Lowliner Bereifung ist diese Actros Big Space 1848 LS (4x2) der Schaustellerbetriebe Barth ausgeliefert worden, die hier mit dem Eingangsbereich der von Mack gebauten „Wilden Maus" zu sehen ist. Während des Spielbetriebs ist dieser Auflieger dann, als sogenannter Bahnhof, komplett in die Bahn integriert. Dazu wird beim Aufbau, nach dem Absatteln die als Protze bezeichnete Hinterachse entfernt und der Bahnhof mittels Hydraulik genau auf das Niveau der Achterbahnsohle ausnivelliert.

Der Schaustellerbetrieb Noack-Ahrend aus Lemgo reist mit einem Musik-Express des Herstellers Mack, dessen vierachsiger Mittelbauwagen, hier hinter der Actros Big Space 1851 LS (4x2) Zugmaschine, auf die Abfahrt zum nächsten Platz wartet. Die Berg- und Talbahn des Wagenbau- und Karussellspezialisten aus Waldkirch/Schwarzwald wurde von Hans Noack im Jahre 1976 auf den Festplätzen präsentiert und ist seither im Familienbesitz.

Die absetzbare Wechselbrücke, die mittels der Sattelplatte und Twist-Lock Verschlüssen gesichert wird, verfügt über einen Palfinger PK 21000 Ladekran in der Ausführung D mit fünf hydraulischen Ausschüben. Die maximale Hubkraft bei voll ausgeschobenen 14,30 m Auslage beträgt 970 kg. Notwendige elektrische sowie hydraulische Versorgungsanschlüsse befinden sich am Heck der Zugmaschine.

Auch Robert Scheidacher aus Essenbach bei Landshut nutzt eine Actros 1851 LS (4x2) mit dem Big Space L Fahrerhaus für den Transport des „Super Hupferl" Mittelbauwagens. Das auch als „Schunkler" bekannte Fahrgeschäft wurde 1983 bei der Firma Höpler Karussellbau aus Metten bei Deggendorf für den Augsburger Schausteller Fritz Kreis auf die Räder gestellt, wechselte nach der Saison 1999 zu Robert Scheidacher und bekam im Jahre 2021 bei SAD Maschinenbau eine technische sowie optische Frischzellenkur. Die Ballastpritsche auf der Zugmaschine entstand bei Stark Fahrzeugbau in Augsburg, wo zusätzlich auch der mit Endlosschwenkwerk ausgerüstete Palfinger hnhjjhnbgPK 23002 SH Heck-Ladekran montiert wurde.

Nur eine Saison lang betrieb der Schausteller Andreas Zinnecker 2014 den von Funtime (Österreich) gebauten Freifallturm, „Mega King Tower", mit einer Gesamthöhe von ca. 80 m. Der notwendige Mittelbau besteht bei dieser Art von Anlagen aus zwei Mittelbauwagen, einem Anhänger sowie dem hier abgebildeten Auflieger mit dem unteren Turmfuß als Kletterbasis und der „übergestülpten" späteren Turmspitze. Die Montage des Turms erfolgt dann ähnlich einem Baukran. Einzelne, aus zwei 90° Teilen bestehenden Turmsegmente werden am aufgerichteten Turmfuß positioniert, miteinander und dem übergestülpten Turm verschraubt und segmentweise bis auf Endhöhe angehoben. Als Zugmaschine ist hier eine Actros 1851 LS (4x2) mit dem größten Fahrerhaus, der Giga Space genannten Kabinenversion, im Einsatz.

Auch bei dieser Zugmaschine des Hagener Schaustellers Michael Hartmann handelt es sich um eine Actros 1851 LS Giga Space (4x2). Der Wechselaufbau besteht hier aus einer schweren Stahlplatte als Plattform und dem darauf abgestellten Werkstattcontainer, der über Anschläge und Bolzen gesichert ist.

Der aus Wutha-Farnroda stammende Schaustellerbetrieb Hofmann-Jehn ist seit 2021 mit einem 33 Meter Riesenrad des niederländischen Herstellers Lamberink auf Tour. Als Zugmaschine wird u.a. diese Actros 1851 LS Giga Space (4x2) mit absetzbarer Ballastpritsche eingesetzt, die hier allerdings vor einem der zwei vorhandenen Mittelbau-, bzw. Frontwagen der Erlebnisbahn „Laser Pix" zu sehen ist. Junior Oliver Jehn erwarb im Jahre 2016 die Mack Geisterbahn „Tanz der Vampire" vom Berufskollegen Helmut Nietzsche aus Berlin und gestaltete die Anlage, zusammen mit Dietz Fahrzeugbau, aufwändig und unter Einsatz modernster Video-Spiel-Technik zur interaktiven Erlebnisbahn „Laser Pix" um.

Der Frankfurter Schausteller Alexander Schramm verlässt mit seinem dreiachsigen Wohnwagen den Festplatz. Die Zugmaschine, eine Actros 1858 LS (4x2), ist mit dem OM 473 LA Motor ausgerüstet und liefert in der zweitstärksten Version bei knapp 16 Liter Hubraum aus 6 Zylindern beachtliche 580 PS an Leistung. Auf der Ballastpritsche hinter dem Giga Space Fahrerhaus ist der Fahrstand des Huss Break Dance No.1 verladen, der bei Schramm als „Breakdancer" betrieben wird.

Die Baustellenfahrzeuge der schweren Klasse tragen bei Mercedes Benz seit 2013 den Namen „Arocs" und sind an der Gestaltung des Kühlergrills in der sogenannten Baggerzahnoptik gut zu erkennen. Diese Arocs 1851 LS (4x4 HAD) Zugmaschine, mit hydraulisch angetriebener Vorderachse (Hydraulic Auxiliary Drive, kurz HAD) sowie dem 2,50 m breiten Stream Space Fahrerhaus wird bei der Schaustellerfamilie Ritter aus Essen eingesetzt. René Ritter und Vater Albert, der dem einen oder anderen Leser auch als Präsident der Europäischen Schausteller-Union sowie des Deutschen Schaustellerbundes bekannt sein dürfte, haben sich auf mobile Event-Gastronomie spezialisiert und benötigen hierfür auch einen entsprechend großen Fuhrpark.

Die zuvor beim Dortmunder Waldkalkungsspezialisten Frachtente eingesetzte und gebraucht erworbene Sattelzugmaschine wurde mit einer absetzbaren Wechselbrücke, bestehend aus kurzer Pritsche und einem Palfinger PK 23080 C Ladekran, mit vier hydraulischen Ausschüben sowie Vierpunktabstützung ausgerüstet. Der Wechselaufbau ist für den sicheren Kranbetrieb des bei 12 Metern Ausschub noch 1.580 kg hebenden Krans vorne über Zentrierbolzen, mittig über die Sattelplatte und am Heck mittels Twist-Lock Verschlüssen auf dem Fahrgestell verriegelt. Zum Zeitpunkt der Aufnahmen war der Aufbau technisch einsatzbereit aber optisch noch nicht fertiggestellt und wartete auf die Lackierung.

Mit dem mechanischen Allradantrieb wurde diese Arocs 1948 AK (4x4) mit dem 2,30 m breiten Stream Space L Fahrerhaus vom Zeltbetrieb Kühling aus Vechta geordert. Ebenfalls in Vechta ansässig ist der Stahl- und Fahrzeugbaubetrieb Gellhaus, der den festen Pritschenaufbau herstellte sowie die Montage des Palfinger PK 34002 SH in der Ausführung G mit 8 hydraulischen Ausschüben übernahm. Der Ladekran stemmt bei 21,1 m gestreckter Auslage noch ein Gewicht von 930 kg und ist mit Endlosschwenkwerk sowie Vierpunktabstützung ausgerüstet.

Zweiachs – Zugmaschine von Sterling

Obwohl die 5th-Wheel Camper aus den USA beim sogenannten Reisegewerbe recht weit verbreitet sind, ist eine vierachsige Version doch eher eine Ausnahme auf europäischen Straßen. Dieser Teton Homes Wohnauflieger weist neben der Anzahl der Achsen aber noch eine weitere Besonderheit auf. Zusammen mit der Sterling Acterra Sattelzugmaschine wurde das Gespann für Prinzessin Stéphanie von Monaco als Geschenk von ihrem Vater, Fürst Rainier, aus den USA nach Europa geholt. Mittlerweile wechselte das Gespann den Besitzer und nun leben Jana Mandana-Lacey und Martin Lacey jun. zur Sommerspielzeit des Circus Krone in diesem Camper. Die im Jahre 2009 eingestellte Marke Sterling gehörte übrigens vorher zur Frightliner Cooperation und seit 1981 somit auch zu Daimler Benz. Kein Wunder also, dass unter der Haube ein Mercedes Benz Motor der Baureihe OM 900 arbeitet. Diese Art von Zugmaschinen mittelschwerer Bauart werden in den USA als sogenannter MDT (Medium Duty Truck) sogar speziell mit dem 5th-Wheeler-Deck oder Sport-Deck genannten Aufbau für die Camper Kundschaft angeboten.

Zweiachs–Zugmaschinen von Renault

Strempel Fahrzeugbau aus Weilburg hat diesen Kassen-/Chaisenwagen des „Bee-Bob Drive" Autoskooters des Schaustellers Mike Ahrend bzw. FTE-Ahrend aus Eldagsen als Sattelauflieger gebaut. Als Zugmaschine diente bei dieser Aufnahme im Jahr 2011 eine Premium Sattelzugmaschine mit dem Hochdachfahrerhaus und in Low-Deck Ausführung, die wegen der geringen Aufsattelhöhe des Spezialaufliegers notwendig war. Der Schaustellerbetrieb Ahrend war seinerzeit in Besitz von sechs dieser Renault Zugmaschinen der ersten Premium Generation die, nach Besitzerangaben, in der eigenen Werkstatt aus ehemaligen LKW-Fahrgestellen mit 6 m Festaufbau zu Sattelzugmaschinen umgebaut wurden.

Farblich passend zum amerikanischen Travel Supreme Select 5th-Wheel Camper, die anderen fünf Exemplare waren in Silber lackiert, wurde bei FTE-Ahrend diese Renault Premium Sattelzugmaschine ausschließlich vor dem „Ami" eingesetzt. Hinter dem Fahrerhaus und mit einer Plane abgedeckt war eine Plattform für notwendiges Zubehör des Wohnwagens aufgebaut.

Die Schaustellerbetriebe M&R Hempen aus Oldenburg bereisen mit ihrem Café Keese die Festplätze und nutzen für die Transporte diese Renault Premium 420 dCi (4x2) Zugmaschine der zweiten Generation mit Nahverkehrsfahrerhaus. Hinter dem Fahrerhaus ist für die Montagearbeiten ein HMF 1823 K4 Ladekran montiert, der bei 12,80 Meter Auslage noch 1100 kg hebt.

Mitte: Mit dem flachen Fernverkehrsfahrerhaus ist diese rechtsgelenkte Premium 450 DXi (4x2) ausgerüstet. Das Gespann gehörte zu einer Artistengruppe, die 2017 mit dem Zirkus Charles Knie auf Tournee waren. Bei dem Holiday-Rambler Alumascape 35 5th-Wheel Wohnauflieger fällt auf, dass auf der linken Seite keine Erker als Wohnraumvergrößerung vorhanden sind.

Rechts: Diese Renault Premium 430 DXi (4x2) gehört zum Fuhrpark der Schaustellerfamilie Arens aus Hagen, die mit der Reisegastronomie „Westfalenschänke" auf zahlreichen Festplätzen anzutreffen sind. Die Zugmaschine besitzt das Hochdachfahrerhaus sowie einen Plattformaufbau, der als Ladefläche dient oder für die Aufnahme von Wechselbrücken geeignet ist.

Der Spezialauflieger mit dem zusammengeklappten Gondelausleger des Propellers „Apollo 13" von Dieter Küchenmeister wurde hier mit der Renault Premium 450 DXi (4x2) Sattelzugmaschine des Schaustellerkollegen Gilbert Marquis zum Festplatz gebracht.

Auch diese Renault Premium 450 DXi gehört zum Fuhrpark des Schachaustellerbetriebs von Gilbert Marquis und Sohn aus Dortmund. Hinter dem Hochdachfahrerhaus ist bei dieser Zugmaschine ein Palfinger PK 15500 mit vier hydraulischen Ausschüben montiert, der bei 12,20 m gestreckter Auslage noch 910 kg heben kann. Der Ladekran wird hauptsächlich dazu genutzt, die neue Sohle der 1934 gebauten Überschlagschaukel zu bewegen.

Diese Sohle, die von Familie Marquis selbst gebaut wurde, wird ähnlich eines Schwerlastbodens in Einzelsegmenten aneinandergelegt und bildet so die Basis der gepflegten, historischen Jahrmarktsattraktion. Verladen sind die Segmente auf der Wechselplattform, die bei der Transportfahrt mit einem Planenverdeck geschlossen wird. Die ursprüngliche Sohle, die aus vielen Einzelteilen besteht und zeitinvestiv zusammengesetzt werden muss, ist eingelagert und könnte sofort wieder zum Einsatz kommen. Die bei der Karussellbaufirma Achtendunk gebaute Überschlagschaukel wird ansonsten komplett im angehängten dreiachsigen Packwagen verladen.

Tommy Kocka, alias Karah Khavak jr., ist ein Spezialist, wenn es darum geht, Krokodile, Alligatoren, Leguane, Warane und Riesenschlangen in der Manege zu präsentieren. Um seine „Haustiere" zu den Gastspielorten zu transportieren, nutzte er im Jahre 2011 noch diesen Renault AE mit einem klimatisierten Einachs-Auflieger. Ob es sich bei dieser Zugmaschine tatsächlich um die 520 PS Version mit dem 16,4 Liter großen Mack V8 Motor handelt, kann ich leider nicht beantworten.

Albert Dormeier aus Bassum betreibt den Cosmont Musik-Express „Rock-Express Part II". Als Zugmaschine wird neben einer MAN TGA, diese Renault Magnum 480 DXi (4x2) eingesetzt. Beim ersten Einsatz des Fahrzeugs, der im Juli 2021 zum Pop-Up Freizeitpark in Hooksiel führte, befand sich die aufgesattelte Ballastpritsche noch in der Bauphase. Eine passende, silberne Folierung soll noch folgen.

Auch die noch recht junge Renault T Baureihe ist mittlerweile auf den Festplätzen angekommen. Der Mühlheimer Schausteller Peter Buchholz entschied sich für diese T 440 (4x2), die mit einem Wechselrahmen ausgestattet wurde. Die Wechselplattform ist in diesem Fall sogar noch mit einem absetzbaren Kofferaufbau beladen. Mit seinem Fahrgeschäft ist Peter Buchholz eher auf historischen Pfaden unterwegs. Die betriebene Raupenbahn wurde 1926 von der Maschinenfabrik Bothmann aus Gotha für den Schausteller Jean Rosenzweig gebaut und ist heute der Hingucker auf den Festplätzen.

Der in Oberhausen beheimatete Schausteller Ronny Schütze überraschte mich mit der Anschaffung dieser Renault T 460 (4x2) doch sehr, denn eigentlich stammten die Zugmaschinen der Familie Schütze bislang immer aus Wörther Produktionshallen und kamen einheitlich im currygelben Farbkleid daher. Um den blauen Franzosen für den Einsatz an der Geisterbahn vorzubereiten, wurde die Ballastpritsche des Vorgängerfahrzeugs farblich angepasst und zusammen mit dem Atlas 144.1 Ladekran, in der Ausführung 12,4/4 (knapp 12 m gestreckte Auslage bei vier hydraulischen Ausschüben), auf das neue Fahrgestell umgesetzt.

Ebenfalls mit einer Renault T 460 (4x2) ist der auf Backfisch spezialisierte Schausteller Sascha Langenberg aus Oberhausen auf der Reise. Die Sattelzugmaschine verfügt über einen absetzbaren Wechselkoffer und kann somit für den Transport von Aufliegern und Anhängern genutzt werden.

Zweiachs–Zugmaschine von Saurer

Im Jahre 1981 wurde der Circus Fliegenpilz in der Schweiz gegründet, verlegte aber nach einigen Tourneen im eidgenössischen Nachbarland ab 1987 das Winterquartier nach Deutschland. Das anfänglich noch mit einem Zweimastchapiteau reisende Unternehmen entwickelte sich stetig, setzte bald auf einen Viermaster und gehörte zu Anfang der 2000er Jahre zu den führenden Reisegeschäften in der Bundesrepublik Deutschland. Die im Jahre 2007 zum Anlass des 25-jährigen Jubiläums geplante Tournee durch das ehemalige eidgenössische Heimatland wurde entgegen aller Erwartungen dann allerdings zu einem finanziellen Desaster. Das Unternehmen konnte sich von den entstandenen Verlusten, trotz der Rückkehr nach Deutschland, nicht wieder erholen und in der Folge musste der Betrieb leider komplett eingestellt werden. Diese Saurer D 330 F 4x2 wurde noch kurz vor dem bitteren Ende in der Schweiz gekauft und zurück nach Deutschland mitgebracht. Auf diesem Bild ist die Sattelzugmaschine mit einem, zum Tiertransporter umgebauten Jumbo-Kofferauflieger zu sehen. Auffallend bei dieser Sattelzugmaschine, die ursprünglich beim Fuhrunternehmen Lustenberger aus Kriens (CH) im Kanton Luzern eingesetzt war, ist eine Außenbreite von 2.500 mm. Bis Anfang der 1990er Jahre lag die vorgeschriebene Außenbreite in der Schweiz, außerhalb von Hauptstraßen, schließlich bei 2.300 mm. Das Fahrzeug soll sich aktuell in Privatbesitz befinden und seit mehreren Jahren auf eine Restaurierung warten.

Zweiachs – Zugmaschinen von Scania

Peter Rosenzweig aus Bad Oeynhausen war bis 1997 mit dem Fahrgeschäft „Big Monster", einem Schwarzkopf Monster III, auf der Reise. Diese Scania LB 140 (4x2) trug am Heck einen HIAB Ladekran, der einige Jahre später noch auf das Nachfolgefahrzeug, eine Mercedes-Benz SK 1735, umgesetzt wurde. Anfang der 1970er Jahre gehörte Scania mit der Baureihe 140 durchaus zu den Spitzenreitern in Sachen Motorleistung. Aus 14 Litern Hubraum entwickelte der V8 Motor dieser Zugmaschine satte 350 PS Leistung, für die damalige Zeit ein durchaus beachtlicher Wert.

Bis in die 1990er Jahre setzte der Circus Krone noch auf die Deutsche Bundesbahn und zog mit Sonderzügen zum nächsten Gastspielort. Zur damaligen Zeit, konnte ich bei schwindendem Tageslicht und mit einer recht einfachen Kamera „bewaffnet", diese Scania LB 111 mit kurzem Fahrerhaus und zweigeteiltem Aufbau ablichten. Die Zugmaschine pendelte damals zwischen Festgelände und Güterbahnhof. Das Fahrzeug der Bauserie 1 (ab 1974) war mit dem 11 Liter Sechszylindermotor ausgestattet.

Uwe Hölzgen aus Bonn, der zum Ende der 1980er Jahre mit dem großen Zelt- und Gastronomiebetrieb „Bayern-Festhalle" auf vielen großen Veranstaltungen zu finden war, setzte auf Scania. Diese LB 111 (4x2) war seinerzeit noch mit Cornett Sonnenblende und den typischen Radzierblenden unterwegs.

Beim Schaustellerbetrieb Kanzler aus Aurich im Einsatz: Scania G 92 M (4x2) Zugmaschine mit Kofferaufbau und kurzem Fahrerhaus.

Ebenfalls mit dem „kleinen" 9 Liter Motor aber dem R Fahrerhaus in langer Version war diese Zugmaschine über einen recht langen Zeitraum für den Circus Krone unterwegs. Die Ballastpritsche wurde im Laufe der Zeit durch ein Stromaggregat ersetzt. Diese autarke Energiequelle wurde beim Vorkommando eingesetzt, das bereits einige Tage vor dem eigentlichen Gastspiel die Anker schlägt und den zweiten Satz Masten aufstellt. Durch diese Vorarbeiten wird beim Umzug auf den neuen Gastspielplatz wertvolle Zeit eingespart. Bei diesem Foto hat die Zugmaschine einen von zwei baugleichen Abteilwagen für das Circus-Ballett im Schlepp. Die bei Hellmich Fahrzeugbau in Werl gebauten Anhänger verfügen an beiden Seiten über ausziehbare Wagenkästen, quasi große Erker über die komplette Wagenlänge und mit einer Raumteilung längs der Fahrzeugmitte. Somit verfügt ein Wagen über insgesamt acht Wohnabteile, die sich auf die beiden Fahrzeugseiten aufteilen und so den Tänzerinnen des Balletts ausreichend Raum bieten.

Mit Schweizer Vergangenheit beim Circus Monti war diese Scania R 112 M (4x2) noch eine kurze Zeit bei Fliegenpilz in Deutschland zu sehen. Trilexfelgen, die für eine Zugmaschine relativ lange Wechselpritsche und zusätzlich noch eine Ladebordwand am Heck machten dieses Fahrzeug besonders interessant. Heute bin ich froh, dass ich trotz des niedergehenden, starken Regenschauers ein Foto gemacht habe, danach habe ich den Monti-Scania leider nie wieder gesehen.

Der erfolgreiche Raubtierlehrer Tom Dieck jr. war bis zu seinem Abschied aus dem Zentralkäfig bei namhaften Circusunternehmen engagiert. Für den Transport seiner Raubtiere wurde ein Spezialanhänger genutzt, der in der eigenen Werkstatt aus einem Getränkeauflieger entstand. Als Zugfahrzeug setzte Dieck diesen Scania R 112 M (4x2) mit Kofferaufbau ein, in dem auch die Futterküche untergebracht war.

Diese Scania R 112 E (4x2), gehört mittlerweile wohl zu den dienstältesten Zugmaschinen im Krone Fuhrpark. Der auffällig schmale Aufbau besitzt vorne zwar ein Gerätefach mit Jalousien, kann im hinteren Bereich der Ladefläche aber mangels Bordwand nur von oben beladen werden. Bei diesem Foto aus dem Jahre 2001 trat die Zugmaschine noch optisch passend zu den London Aire US-Campern des Herstellers Newmar auf, die der Direktion als Wohnwagen dienten. Beim Transport der, als Tridemanhänger gebauten Wohnwagen bot sich so ein einheitliches Bild. Aktuell ist die Zugmaschine allerdings komplett in weißem Farbkleid unterwegs. Der angehängte und mit einem Oberlicht ausgestattete Wagen Nummer 71 beherbergt die rollende Sattlerei des Circus-Unternehmens.

Von 1991 bis 2015 waren die Gebrüder Wolfgang und Michael Bügler aus Kreuzau mit dem opulent ausgestatteten Laufgeschäft „Tal der Könige" auf den Festplätzen eine bedeutende Zugnummer. 6 Transporte waren notwendig, um die riesige Anlage zu bewegen. Die von dieser Scania R 142 H (4x2) gezogene Dreiachs-Rolle war mit Teilen der aufwendigen Front beladen, die mit Hilfe des Palfinger Ladekrans montiert werden konnten. Die Ballastpritsche war über Twistlocks gesichert und konnte abgesetzt werden.

Rechts: Im Jahre 2022 noch fleißig beim Schaustellerbetrieb Müller-Volklandt aus Chemnitz im Einsatz: Scania T 112 H (4x2) mit absetzbarer Ballastpritsche.

Unten: Die aus Essen stammende Schaustellerfamilie Fackler ist mit dieser Scania T Hauber-Zugmaschine der Bauserie 2 schon viele Jahre auf den Festplätzen unterwegs. Obwohl die „brennende" Haube ein 142 H Schriftzug ziert, handelt es sich nach Angaben des Besitzers darunter nur um die 11 Liter Version. Der heckmontierte Tirre Euro 131 Ladekran, der bei maximaler Reichweite von 12,7 Metern noch 780 kg heben kann und über eine hydraulisch angetriebene Seilwinde verfügt, wird für die Montage der verschiedenen Vergnügungsanlagen des Schaustellerbetriebs eingesetzt.

Ebenfalls gefühlt eine Ewigkeit aktiv und auf den verschiedensten Rummelplätzen zu sehen ist diese Scania T 112 H (4x2) der Schaustellerfamilie Oscar Bruch. Für den sicheren Stand beim Einsatz des Palfinger Ladekrans am Heck ist die Zugmaschine mit einer Vierpunktabstützung ausgestattet. Der angehängte Anhänger mit 40 t zulässigem Gesamtgewicht wurde bei Kumlin Fahrzeugbau speziell für den Transport von Fahrgeschäften, deren Sohle aus Containerrahmen bestand, entwickelt. Hier dürfte der Umstand, dass die Karussellfabrik Mack und die Firma Kumlin beide aus Waldkirch im Breisgau kommen, eine entsprechende Rolle gespielt haben. Der vielseitig einsetzbare Anhänger verfügt über vier gelenkte Achsen und war bei seiner Auslieferung auch in der Gesamtlänge teleskopierbar. Durch verschiedene An- und Umbauten ist die Länge aktuell aber nicht mehr veränderbar.

Die „Show der Sensationen" der aus Berlin stammenden Familie Blume war eine der führenden Motorrad-Steilwand Attraktionen auf namhaften Veranstaltungen. In den 1990er Jahren wurde vom damaligen Betreiber Martin Blume diese Scania T 142 H (4x2) eingesetzt, die mit einer Kunststoff Spoiler-Stoßstange aus dem Zubehör und selbstgebauter Seiten- sowie Heckverkleidung optisch aufgewertet wurde. Beim Auflieger handelt es sich um den Paradewagen, der während des Spielbetriebes direkt vor dem Kessel der Steilwand aufgebaut wurde und als Bühne für den Rekommandeur und die Präsentation der Programmausschnitte diente. Beim Umsetzen der Anlage wurde er zum Packwagen, auf dem der komplette Kessel verladen war. Diese Steilwand sowie eine zweite Anlage wurden später vom Bruder Charles übernommen und technisch optimiert. Mittlerweile wurden beide Geschäfte leider eingelagert.

Optisch sehr stimmig unterwegs ist die Scania T 113 H 360 (4x2) des Schaustellers Udo Breuer aus Düren. Die mit kurzem Fahrerhaus, dem Aeropaket sowie Seitenverkleidung ausgerüstete Zugmaschine trägt auf dem Wechselrahmen eine Kofferbrücke und zieht hier den Mittelbauwagen eines italienischen Sartori Baby Flugs.

Ebenfalls mit dem Aeropaket, allerdings am langen Fahrerhaus, ist diese T 113 H (4x2) Sattelzugmaschine beim Circus Renz Berlin (Direktion Bernhard Renz) im Einsatz. Für den notwendigen Ballast beim Anhängerbetrieb sorgt ein Atlas Copco Stromaggregat. Der hier gezogene Anhänger, beladen mit dem WC Container, wurde ursprünglich für die britische Armee gebaut. Neben 20 ft (6 m) Containern kann der bei King Trailers (GB) hergestellte Anhänger auch Abrollmulden des „British Army Demountable Rack Offload and Pickup System (DROPS)", einem für Militärzwecke entwickeltem Transportsystem, aufnehmen.

Die Transportanhänger des Ausschankbetriebs Ostermann's Friesenstube wurde zu Anfang der 2000er Jahre mit dieser Scania T 113 H 360 (4x2) zu den Veranstaltungsorten gefahren. Auffälliges Merkmal dieser Zugmaschine waren die sehr hohen Bordwände der Ballastpritsche, die nur auf der rechten Seite geöffnet werden konnte.

Beim Circus Krone wurden zumindest bis 2022 T Hauber der Bauserie 3 eingesetzt. Diese 113 M 360 (4x2) hat hier den Wagen 218, einen Käfigwagen für die Raubtiere von Martin Lacey jr., angehängt. Der Raubtierwagen wurde in den Werkstätten des Niederländers Gerard Rigter gebaut und kann mit weiteren Anhängern des Wagenbauspezialisten zu einer Anlage verbunden werden.

Der 11 Liter-Motor ist auch in dieser Krone Zugmaschine der T Baureihe eingebaut, die zusätzlich noch mit einigen Anbauteilen optisch etwas aufgewertet wurde. Die festaufgebaute Ballastpritsche stammt, wie beim vorangezeigten Fahrzeug, aus der Krone Werkstatt, besitzt allerdings deutlich höhere Bordwände.

Mit dem Fischspezialitäten-Imbiss „Gastmahl des Meeres" ist René Otto aus Bad Köstritz auf namhaften Veranstaltungen quer durch die Republik zu finden. Für einen reibungslosen Auf- und Abbau der aufwändig gestalteten Reisegastronomie sorgt ein Palfinger Ladekran auf dem Heck der Scania T 113 M 400 (4x2) Streamline. Dieser PK 25000 verfügt neben Endlosschwenkwerk und Vierpunktabstützung über eine hydraulische Hubwinde. Laut angebrachtem Lastdiagramm hebt der Kran bei 16,70 m Ausladung 960 kg.

Mit dem vorhandenen Allradantrieb wäre diese P 113 H 360 (4x4) Zugmaschine des Düsseldorfer Zeltverleihs Scheuten nötigenfalls auch für nasse Festwiesen gut vorbereitet. Der kräftige Hiab 190 AWV Ladekran wird von einem Hochsitz aus bedient und verfügt leistungsgerecht über eine Vierpunktabstützung.

Diese Anfang der 2000er Jahre abgelichtete Scania R 113 M 360 (4x2) des Circus Krone wird im früheren Leben mal mit Gefahrgütern unterwegs gewesen sein, wie der quer unter der Stoßstange zu sehende Auspufftopf vermuten lässt. Der auch aktuell noch eingesetzte Auflieger mit der Nummer 114 für den Transport der Zeltkuppel, die vier Stahlgitter Hilfsmasten sowie die Rondellstangen entstand in den Krone-Werkstätten auf der Basis eines Semitiefladers.

Scania R 113 M 360 (4x2) mit Topline Fahrerhaus und heckmontiertem MKG HLK 175 a4 Ladekran der Schaustellerfamilie Kipp aus Euskirchen. Trotz der bereits langen Einsatzzeit am 55 Meter hohen „Europa Rad" der Familie Kipp ist der optische und technische Pflegezustand der Zugmaschine immer noch als absolut einwandfrei zu bezeichnen. Der Heckkran verfügt über vier hydraulische Ausschübe, die laut Herstellerangabe eine maximale Reichweite von 12,48 m erreichen. Zusätzlich werden an diesem Kran zwei manuell ausziehbare Schubstücke mitgeführt.

Links: Im Jahr 2011 konnte ich diese R 113 M 380 (4x2) Topline des Schaustellerbetriebs Fischer-Chrzanowski ablichten. Neben der ansprechenden Lackierung in einem Metallic-Grundton und zeitgenössischen Dekorstreifen wurde die Zugmaschine zusätzlich mit einigen Teilen aus dem Zubehörregal aufgewertet. Für unkomplizierte Rangierarbeiten auf dem Festplatz sorgen eine Maulkupplung sowie ein Duomatikanschluss für die Druckluftbremse an der polierten Frontstoßstange. Das vorhandene Wechselaufbausystem, hier mit Kofferbrücke, gehört mittlerweile fast zum Standard. Der gezogene Kofferanhänger, ich tippe auf die Firma Ackermann als Hersteller, hatte 2011 definitiv schon Exotenstatus. *Rechts:* Unverbastelt, gepflegt und in originalem Zustand konnte ich die Scania R 113 M 400 (4x2) des Schaustellers David Levy aus Gelnhausen im Frühjahr 2022 ablichten. Mit dem hohen Planenverdeck passt die Ballastpritsche gut zum Aeropaket des Fahrerhauses.

Wegen der Größe des Circus-Krone Chapiteaus kommt es gar nicht so selten vor, dass die Artisten und das Hauspersonal mit Wohn- und Mannschaftswagen auf einen zweiten Abstellplatz ausweichen müssen. Um auch auf diesem Ausweichplatz über eine autarke Stromversorgung verfügen zu können, wurde diese Scania R 143 M 400 (4x2) Topline mit einem festaufgebauten Stromaggregat ausgestattet. Der angehängte Oberlichtwagen mit der Nr. 80 ist das rollende Direktionsbüro.

Der aus dem ehemaligen Jugoslawien stammende Dragan Mrsic gehört zu den Menschen, die eine ordentliche Portion Benzin im Blut haben. Angefangen als Motorradartist, hat er viele Jahre seine Runden in der Steilwand gedreht und in Shows sein fahrerisches Können auf zwei Rädern bewiesen. Da aber Reparaturen und Umbauten am Fuhrpark, der Umgang mit der Lackierpistole oder das Lkw-Fahren zum Tagesgeschäft in der Freizeitbranche gehören, werden von ihm auch diese Arbeiten mit einer entsprechenden Sorgfalt ausgeführt. Ein gutes Beispiel war seine eigene Zugmaschine, die „Blue Diamond" genannte Scania R 143 M 400 (4x2) Topline. Die Sattelzugmaschine wurde Mitte der 1990er Jahre komplett überar- beitet, mit einer absetzbaren Ballastpritsche ausgestattet und im bekannten Design lackiert. Die angehängte offene Rolle wurde von der Karussell- und Wagenfabrik Mack an den Schaustellerbetrieb Renoldi zur Geisterbahn „Kingdom of Magic" ausgeliefert, die unter Martin Blume und als „Grüne Hölle" auf den Festplätzen unterwegs war. Auf diesem Anhänger wurden die senkrecht stehenden Bauteile der Geisterbahn-Stahlkonstruktion, die sogenannten Böcke, verladen. Die Hinterachsen waren als zwangsgelenktes Spuraggregat ausgeführt.

Der „Blue Diamond" wechselte später wegen einer Neuanschaffung zum Ride Construction Service (RCS) des Schaustellers Max Eberhard und wird, farblich angepasst, aktuell immer noch eingesetzt.

Der Bochumer Schausteller Traugott Petter war bis 2015 mit dem Cosmont 2-Säulen Autoskooter „Starlight" und dieser Scania R 143 M 450 (4x2) Topline auf der Reise. Ein am Kühlergrill angebrachter Namens-Schriftzug aus aufgeschraubten Holz- oder Blech-Einzelbuchstaben war bis in die 1990er Jahre an Schaustellerfahrzeugen durchaus häufiger zu sehen.

Zugmaschinen aus Södertälje werden ebenfalls beim Bonner Schaustellerbetrieb Graesler Kipp eingesetzt. Im Jahr 2013 konnte ich diese R 143 M 450 (4x2) Topline Zugmaschine, zusammen mit dem Mittelbauwagen des „Camaro C1" 2-Säulen-Autoskooter des nicht mehr existenten Herstellers SDC aus Italien ablichten. Nach einem Umbau und einer technischen Revision der gesamten Fahrzeugtechnik rollt der Mittelbau mittlerweile auf insgesamt fünf Achsen.

Auch diese R 143 Topline Zugmaschine war beim Schaustellerbetrieb Graesler Kipp im Einsatz, bevor sie an Ingo Bauermeister aus Köln verkauft wurde. Nach Angaben des jetzigen Besitzers wurde der ursprünglich 450 PS leistende Motor nach einem Schaden gegen eine 390 PS Version getauscht, der demnach einem ladeluftgekühlten DSC 1402 (14 Liter V8) entsprechen müsste. Heckseitig montiert ist ein Palfinger PK 26000 E, der bei einer Auslage von 16,80 m noch 1.090 kg hebt und mit Vierpunktabstützung und hydraulischer Hubwinde ausgestattet ist. Angehängt ist der sogenannte Bahnhofswagen der Familienachterbahn „Willy, der Wurm", der während der Spielzeit als Aufgang zum Ein- und Ausstiegsbereich dient. Beim Transport sind neben dem Zug der Achterbahn u.a. auch ein Teil der Schienen sowie Geländer verlastet.

Im Jahr 1991 präsentierte Scania das letzte Facelift der 3er Baureihe. Neben einer Leistungssteigerung auf 500 PS beim Topmodell wurde zusätzlich eine Fahrerhausvariante auf dem Markt vorgestellt. Das als „Streamline" bezeichnete Fahrerhaus entsprach der R-Kabinenversion, die mit zahlreichen Kunststoffteilen aerodynamisch verbessert wurde und so den Kraftstoffverbrauch senken sollte. Bei dieser R 143 M 500 (4x2) Streamline von Ariane Haas-Bruch aus Karlsruhe fand dann zusätzlich das Skytop genannte und ebenfalls aus Kunststoff gefertigte Hochdach von KUDA Verwendung. Heckseitig ist ein Effer 9600 Ladekran montiert, der bei einer hydraulischen Reichweite von 9,9 Metern 760 kg heben kann.

Der Schausteller Robert Lehmann aus Worms ist handwerklich überaus geschickt, das ehemalige Laufgeschäft „Horror Lazarett" sowie das aktuell betriebene „Crazy Vegas" entstanden, quasi als Heimarbeit, in der eigenen Werkstatt. Bei der Gestaltung des Fuhrparks hat er augenscheinlich ebenfalls das richtige Händchen. Die Aufnahme der R 143 M 450 (4x2) mit dem Streamline Fahrerhaus entstand im Jahre 2013. Zu dieser Zeit war neben der festen Ballastpritsche noch ein Palfinger PK 22000 Ladekran mit 1.450 kg Hubkraft bei 12,50 Meter Reichweite der vier hydraulischen Ausschübe als Aufbau montiert. Kran und Pritsche wurden später durch einen offenen Plattformaufbau ersetzt.

Die Aufgaben der Kranmaschine wurde dann von dieser R 114 L 380 (4x2) übernommen, die mit einem leistungsstärkeren Palfinger PK 27000 auf die Hubarbeiten vorbereitet wurde. Wie beim Vorgängermodell sind an diesem Ladekran wieder ein Endlosschwenkwerk und eine hydraulische Hubwinde vorhanden. Eine Vierpunktabstützung für einen größerem Arbeitsbereich kam bei dieser Kranversion aber noch hinzu. In der Ausführung mit sechs hydraulischen Ausschüben können noch 1.090 kg an Last bei 16,80 m gestreckter Auslage angehoben werden.

Die Kraftstoffversorgung des Fuhrparks wird beim Circus Krone in der Regel selbst übernommen. Für diesen Zweck wurde nach dem Ausfall eines Mercedes SK Tankwagens dieses Gespann eingesetzt. Eine Scania R 114 L 360 (4x2) Zugmaschine wurde mit absetzbarem Tankaufbau anstelle der Ballastpritsche ausgerüstet. Ein gebraucht erworbener Tank-Anhänger vervollständigte dann die mobile Versorgungsstation. Seit der Saison 2022 dient der restaurierte 113er Hauber, der ehemals mit der hohen Ballastpritsche unterwegs war, als Basis für den Wechselaufbau.

Alexander Lacey gehört ebenso wie sein Bruder Martin jr. zu den besonderen Tierlehrern, die sich schon seit ihrer Kindheit mit Raubtieren beschäftigen und deren Umgang mit den Großkatzen als absolut vorbildlich gilt. Nach einigen Jahren im Engagement beim Großcircus Ringling Bros. and Barnum & Bailey in den USA ist Alexander Lacey aktuell wieder in Europa zu sehen und mit diesem interessanten Gespann unterwegs. Der Käfigaufbau, auf der rechtsgelenkten R 124 L 420 (4x2), kann über eine ausklappbare Veranda am Heck in der Größe mehr als verdoppelt werden. Zusammen mit dem gezogenen Käfigwagen, der ebenfalls über diese Veranden an Front und Heck verfügt, sowie mit einem großen Außengehege entsteht eine riesige Raubtieranlage, in dem sich die Tiere frei bewegen können. Der Aufbau und der Anhänger wurden auch bei diesem Gespann vom Wagenbauspezialisten Gerard Rigter aus den Niederlanden gefertigt. Hinter dem Käfigwagen wird bei Transportfahrt dann noch ein besonderer Tandemanhänger angehängt. Dieses Transportwunder ist nämlich mit Bauteilen des Zentralkäfigs, Podesten, der Kühlzelle für das Futter und dem Wohncontainer für die Tierpfleger beladen. Der im Herstellerland als „Deckover" bezeichnete Anhänger stammt von PJ Trailers aus den USA.

Neben der Iveco T Zugmaschine wird beim Schaustellerbetrieb Hirsch & Heitmann diese Scania R 124 L 400 (4x2) eingesetzt. Mit der Einführung des neuen Fahrerhauses bei der Bauserie 4 und der Optimierung der Aerodynamik wurde auf eine offene Abschleppkupplung in der Stoßstange verzichtet. Als Alternative legten Scania und andere Hersteller einschraubbare Ösen dem Fahrzeug bei, die bei Bedarf in vorhandene Gewinde eingeschraubt werden. Als Rangierkupplung taugen diese Bauteile allerdings nicht. Die Lösung fand man in einer stabilen Traverse mit mittig angeordneter Anhängerkupplung, die an den für die Einschraubösen vorgesehenen Anschlagpunkten montiert wird. Hierzu wird das untere klappbare Kühlergrillelement so verändert, dass die dort hinter versteckten Anschlagpunkten auch in geschlossenem Zustand zugänglich sind und die Frontgestaltung erhalten bleibt. Mit zusätzlich verlegten Druckluftleitungen und den notwendigen Anschlüssen ist ein sicherer Rangiervorgang beim „auf die Schnauze nehmen" möglich.

Scania R 124 L 400 (4x2) vom Schaustellerbetrieb Nicky Weber aus Moormerland mit automatischer Anhängerkupplung an der Fronttraverse und absetzbarer Ballastpritsche, die über ein hohes Planenverdeck verfügt. Zusammen mit dem passend eingestellten Dachspoiler durchaus ein optisch sehr stimmiger Gesamteindruck. Zum Zeitpunkt der Aufnahme im Jahre 2019 war der China Imbiss vom mittlerweile leider verstorbenen Frank Weber-Langenscheidt angehängt. Dieser, von der Wagenfabrik Mack 1980 gebaute Verkaufswagen verfügt an Front und Heck über demontierbare Fahrwerke, die umgangssprachlich „Protzen" genannt werden. Während der Spielzeit steht der Imbiss, ähnlich einem Container, ebenerdig und lässt sich an allen vier Seiten für den Verkauf öffnen.

Die R 144 L 460 (4x2) wurde vom Schaustellerbetrieb Edmund Kaiser aus Herford zusammen mit der Familienachterbahn „Bugs and Bees" vom niederländischen Schaustellerbetrieb Hendricks aus Apeldoorn übernommen. An der hohen Stirnwand wurden Fallstützen angebracht, die über eine Bolzenverriegelung gelöst und im 45° Winkel zum Fahrzeug ausgezogen werden können. Nach Ablassen der Luftfederung bekommen die Stützen festen Bodenkontakt und zusammen mit der Kranabstützung am Heck entsteht so eine Sicherung über vier Punkte. Der Pritschenaufbau stammt vom Fahrzeugbau LAKO aus Eibergen (NL), in deren Hallen auch die Montage des Ladekrans erfolgt ist. Für die Aufnahme der Achterbahnschienen in kranbaren Gestellen wurde auf der offenen Ladefläche ein Ladungssicherungssystem vorgesehen. Der Palfinger PK 16502 ist mit einer hydraulisch angetriebenen Hubwinde ausgerüstet und hebt bei 16,90 Meter gestreckter Auslage der sechs hydraulischen Schiebestücke noch 550 Kilogramm.

Die Schaustellerfamilie Milz aus Düren betreibt den 2-Säulen Musikexpress „Beach-Party", der die Werkhallen des italienischen Herstellers Cosmont zunächst unter dem Namen „Disco" verlassen hat. Der Mittelbauwagen des von Juniorchefin Katja Milz betriebenen und aufwändig gestalteten Rundfahrklassikers, wird von dieser Scania 144 L 530 (4x2) gezogen.

Der Name Zinnecker lässt sich weit zurückverfolgen und ein Großteil der vielen Familienmitglieder war seit jeher als Artisten beim Circus oder als Schausteller unterwegs. Alwin Zinnecker aus Neumarkt St. Veit, der mit seinem Sohn Freddy verschiedene Fahr- und Laufgeschäfte auf den Festplätzen präsentiert, ist einer von ihnen. Zum Fuhrpark gehört diese Scania 144 L 530 (4x2), die hinter dem Fahrerhaus mit einem Palfinger PK 19000 ausgerüstet ist. Als Ballast diente bei dieser Aufnahme aus dem Jahre 2013 die Kasse der seinerzeit betriebenen Technical Park (I) Schaukel „The Beast", die über einen Wechselbrückenrahmen mit Twistlocks gesichert wurde.

Im Jahr 2000 präsentierte Scania den 16 Liter V 8 Motor mit wahlweise 480 oder 580 PS Motorleistung. Der Dortmunder Schausteller Karl Quante setzt an seinem „Ruhrpott-Skooter", der offiziell als „Millenium Drive" auf die Festplätze rollt, diese R 164 L 580 (4x2) Topline als Zugmaschine ein. Auf dem Wechselkoffer ist die Werbung der Großdiskothek „Prater" zu sehen, die als zweites Standbein der Familie betrieben wird und weit über die Grenzen des Ruhrgebiets bekannt ist.

Ebenfalls mit dem 580 PS leistenden 16 Liter Motor ausgestattet war diese R 164 G 580 (4x2) Topline Sattelzugmaschine des französischen Schaustellerbetriebs Degoussée, der im Jahr 2013 das „Wonder Wheel" Riesenrad der Firma Bruch-Schneider übernommen hat und nach der Spielzeit auf der Recklinghausener Palmkirmes in die Heimat transportierte. Bei der Zugmaschine handelte es sich laut Typenschild allerdings um die G Ausführung, die im Gegensatz zur L Version (Long Distance-Fernverkehr) für schwere Einsätze vorgesehen und hauptsächlich im Baugewerbe oder bei Schwerlastspeditionen eingesetzt wurde.

Eine interessante Konstruktion war zweifelsfrei die aufgesattelte Plattform, die später noch mit Teilen des Riesenrades beladen wurde. Als feste Verbindung zum Fahrzeug diente die Sattelplatte ...

... sowie diese außergewöhnliche Bolzenverbindung am massiv gestalteten Rahmenende. Die von Bruch-Schneider übernommenen Anhänger wurden dann an die Maulkupplung der Wechselplattform angehängt. Mit reichlich Knotenblechen als Verstärkungen und fast übertriebenen Wandstärken war diese Zugvorrichtung mit Sicherheit ausreichend dimensioniert und laut Aussage des Besitzers in Frankreich auch zulassungstechnisch absolut problemlos einzusetzen.

Die T Version der 4er Bauserie fand schnell den Weg auf die Festplätze und wird bis heute bei Circus- sowie Schaustellerunternehmen gerne eingesetzt. Nachdem der Mittelbauwagen des 2-Säulen Mack Musikexpress „Amazona-Bahn" bei Andreas Hoster vom Anhänger zum Sattelauflieger umgebaut wurde, entschied sich der Schausteller ebenfalls für eine Hauber aus dem Hause Scania. Die T 114 L 380 (4x2) musste wegen der niedrigen Rahmenhöhe des Aufliegers zusätzlich auf Lowliner Reifengröße umgerüstet werden.

Der Circus Renz International nutzt diese T 114 L 380 (4x2) Sattelzugmaschine mit dem kurzen Fahrerhaus zusätzlich noch als Reklamefahrzeug. Hierfür wurden zwei Lautsprecher auf das Dach montiert, über die bei langsamer Fahrt durch den Gastspielort zum Circusbesuch animiert wird. Der Sattelauflieger ist eine Kombination von Packwagen und Tieflader, der bei dieser Transportfahrt mit dem Abrollcontainer-Stromaggregat beladen wurde. Der Umbau aus einem handelsüblichen Tieflader wurde von der Familie um Franz Renz selbst durchgeführt.

Auch diese T 114 L 430 (4x2) mit langem Fahrerhaus ist beim Unternehmen von Franz Renz unterwegs. Der aufgesattelte Jumbokoffer ist von Hand mit Circusmotiven bemalt und wird während des Gastspiels als Frontwagen, im Eingangsbereich aufgestellt.

Der Bruder von Franz Renz, Bernhard, ist mit dem eigenen Unternehmen „Renz Berlin" und dieser T 124 L 470 (4x2) Topline auf Tour. Der aufgesattelte „Ami" Typ Bighorn des Herstellers Heartland (USA) ist gewichtstechnisch für den „Torpedo" eine leichte Übung.

Diese T 124 L 420 (4x2) wurde beim Circus Krone ursprünglich in schwarzer Lackierung angeschafft, zur Tournee 2011 dann aber passend zum amerikanischen Wohnauflieger von Christel Sembach Krone umlackiert. Hier sieht man die Zugmaschine mit einem der Auflieger für den Pferdetransport.

Auch die 14 Liter Motorvariante des T Modells findet man im Krone Fuhrpark. Martin Lacey jr. nutzt diese T 144 L 460 (4x2) hauptsächlich zum Transport der großen Raubtieranlage. Die absetzbare Pritsche verbleibt eigentlich fest auf der Zugmaschine und wird beim Umsetzen zum nächsten Gastspielort mit Gitterelementen beladen. Der angehängte Käfigwagen entstand in den Werkstätten von Gerard Rigter in den Niederlanden.

Bruno Dreßen aus Mönchengladbach ist mit seiner umfangreichen Reisegastronomie auf vielen Festplätzen unterwegs. Für die Logistik wird deshalb ein großer Fuhrpark vorgehalten, bei dem ein optischer Hingucker wie diese T 124 L 360 (4x2) natürlich nicht fehlen darf. Neben dem Edelstahl Rammbügel findet man bei dieser Zugmaschine auch eine große Maulkupplung, die an einer Quertraverse befestigt ist und für Rangierzwecke genutzt wird. Anschlüsse für die Versorgung der Anhängerbremse sind ebenfalls vorhanden und sorgen für die nötige Sicherheit.

Mario Sperlich stammt aus einer alten Komödiantenfamilie, die in den Anfängen noch mit dem Circus über die Lande zog. Da es über die Jahre, besonders für die kleineren Circusunternehmen, wirtschaftlich immer schwieriger wurde, sattelten einige Familien auf andere Geschäftszweige um. So entwickelten sich neben Puppenbühnen, fahrenden Tierschauen und Stunt Shows z.B. auch die rollenden Dinosaurier Ausstellungen von Mario Sperlich und seinem Sohn Guiliano Reinhardt. Alleine der sehr gepflegte Fuhrpark der Familie Sperlich-Reinhardt lohnt schon den Besuch dieses aufwändig gestalteten und durchaus lehrreichen Unternehmens. Diese, mit Ramm- und Lampenbügel, Peilstangen und Low- sowie Sidebars aufgehübschte Scania T Sattelzugmaschine konnte ich mit einem Einachs-Jumbo-Kofferauflieger ablichten. Bei der Typenbezeichnung wurde augenscheinlich aber etwas geschummelt, denn die angebrachte Leistungsangabe von 530 PS passt nicht zum 12 Liter Motor.

Beim Circus Belly Wien (heute Maximum) ist diese T 144 L 530 (4x2), die über das Topline-Fahrerhaus verfügt, im Einsatz. Der Plattformaufbau wurde von Familie Zinnecker selbst gebaut und kann für den Einsatz als Sattelzugmaschine mit den vorhandenen Staplern des Unternehmens über Taschen am Heck abgenommen werden. Auf dieser Plattform werden die mehrfach im Einsatz befindlichen 10 ft bzw. 3 Meter Container transportiert und hierbei über Anschläge sowie Verriegelungen an den vier Ecken gesichert. Der angehängte Käfigwagen für die hauseigene Tigergruppe entstand aus einem Packwagen der Firma Stork aus Soest.

Franz und Marlon Kropp aus Duisburg reisen mit dem „Golden Greats" Autoskooter, der zusammen mit der zweiten baugleichen Anlage und in Kooperation mit der Wuppertaler Schaustellerfamilie um Eugen Hartmann in kompletter Eigenleistung gebaut wurde. Als Zugmaschine wird neben einem Frontlenker R Modell diese 2002 gebaute und leistungsstarke T 164 L 580 (4x2), mit festmontierter Ballastpritsche eingesetzt.

Die letzten, vor dem Markenwechsel zu MAN, noch jung beschafften Scania Zugmaschinen beim Circus Krone stammten aus der neuen R Bauserie, deren Typenbezeichnung ab 2004 mit dem Kürzel der Fahrerhausversion beginnt. Mit aufgesattelteter Ballastbrücke und angehängtem Wagen 25 konnte ich im Jahre 2010 diese R 380 (4x2) ablichten. Der von Stork gebaute Packwagen wurde ursprünglich als Chaisenwagen für einen Autoskooterbetrieb gebaut und verfügt sogar noch über den Verlade-Aufzug am Wagenheck, der beim Circus nun als Rampe genutzt wird. Einheitlich wurden auch diese Krone Zugmaschinen mit einer Twistlock-Traverse zur Sicherung der Wechselbrücken sowie der Anhängerkupplung am Rahmenende ausgerüstet.

Mit dem 200 mm höheren CR19H Highline-Fernverkehrs-Fahrerhaus war diese R 420 (4x2) ausgestattet. Aufgesattelt, bei dieser ebenfalls 2010 entstandenen Aufnahme, war einer der drei im Fuhrpark vorhandenen Elefantenauflieger. Da die Dickhäuter nicht mehr mit auf Tournee gehen, werden diese Auflieger aktuell als Packwagen genutzt.

Das Topline-Fernverkehrs-Fahrerhaus (CR19T) bietet zum Standard-Fahrerhaus zusätzliche 520 mm und so die volle Stehhöhe. Der Schausteller Mario Weber aus Moers setzt diese Topline R 440 (4x2) Lowliner-Sattelzugmaschine für den Transport des „Jetlag" Mittelbauwagens ein. Das 2019 beim Hersteller Tivoli (GB) gebaute und als „Remix" angebotene Hoch-/Rundfahrgeschäft benötigt für den Transport zusätzlich nur einen kurzen Wechselkoffer.

Neben der Scania T Zugmaschine setzen Franz und Marlon Kropp auch diese R 440 (4x2) Topline ein. Der festmontierte Kofferaufbau bietet Transportraum für die reichlich vorhandenen Deko-Elemente des „Golden Great" Skooters.

Das Haupteinsatzgebiet der ab 2007 angebotenen und zwischen P und R angesiedelten G Baureihe lag beim schweren Verteilerverkehr. Der auf Süßwaren spezialisierte Schaustellerbetrieb Müller-Stahlschmidt aus Dortmund besitzt diese G 320 (4x2) Zugmaschine, deren Kofferaufbau mit einer Seitenverkleidung an das Fahrgestell angepasst wurde.

Diese Scania R 420 (4x2) Highline Sattelzugmaschine war ursprünglich bei der Spedition Höhner aus Weyerbusch/WW beheimatet, was man am Design noch unschwer erkennen kann. Mit einer farblich angepassten, absetzbaren Ballastpritsche und der Zugvorrichtung am Heck ist sie nach der Übernahme bei der Bergheimer Schaustellerfamilie Höfling im Einsatz.

Beim Zirkus Charles Knie wird diese Scania R 440 (4x2) Highline ausschließlich als Sattelzugmaschine für den Pinnacle 5th-Wheel Camper des Herstellers Jayco aus Middlebury-Indiana (USA) eingesetzt. Hinter dem Fahrerhaus der bereits mit einem Euro 6 Motor ausgestatteten Zugmaschine, befindet sich ein kleiner Kofferaufbau für die Unterbringung der benötigten Versorgungsleitungen, Gasflaschen, Waschmaschine usw.

Auch die Schaustellerfamilie Becker aus Kaiserslautern ist, neben Reisegastronomie und Riesenrädern, mit einem Huss Breakdance 1 unterwegs. Als Zugmaschine dient unter anderem diese R 420 Topline mit absetzbarer Ballastpritsche ...

... sowie diese R 560 (4x2) Topline, die zum Zeitpunkt dieser Aufnahme jedoch noch beim Vorbesitzer, Dirk Holzem aus Polch im Einsatz stand. Die Ballastbrücke ist bei dieser kräftigen V 8 Zugmaschine ebenfalls als Wechselaufbau realisiert worden. Somit kann auch dieses Fahrzeug im Sattelbetrieb genutzt werden.

Der 500 PS leistende V8 Motor sorgt bei dieser R 500 (4x2) des aus Worms stammenden Schaustellerbetriebs von Robert Lehmann für die nötige Zugkraft. Die festaufgebaute Ballastpritsche sowie die Komplettlackierung entstanden auch bei diesem Fahrzeug wieder in der eigenen Werkstatt. In dieser Werkstatt entstand auch das von 2013 bis 2017 betriebene Laufgeschäft „Horror Lazarett", das aufwendig mit Stahl und Echtholz im Stil einer alten Villa gebaut wurde. Zahlreiche orginale medizinische Requisiten und eine ordentliche Menge an Kunstblut sorgten im Innern der Anlage für das passende „Ambiente". Besonders bei Dunkelheit, unter Einsatz von Licht, Ton und professioneller Live-Animation, war es ein Grusel-Erlebnis der besonderen Art. Auf diesem Bild ist hinter der Scania noch einer der „Horror Lazarett" Transporte zu erkennen, der während der Spielzeit in das Geschäft eingebaut wurde.

Direkt an der A9, zwischen Dessau und Bitterfeld, liegt der kleine Ort Raguhn-Jeßnitz und die „Homebase" des Schaustellers Mathias Straube, der zusätzlich Transportdienstleistungen sowie Kranarbeiten anbietet und, wie an seinem Fuhrpark unschwer zu erkennen sein dürfte, in der sogenannten Truck-Tuning Szene recht aktiv unterwegs ist. Diese Scania R 500 (4x2) Topline wurde mit zahlreichen Anbauteilen und handwerklich großem Geschick und enormem Zeitaufwand auf den „Old School Look" umgebaut. Das Fahrerhaus blieb von innen dabei nicht unangetastet, denn hier sorgen ebenfalls zahlreiche Veränderungen und einige Quadratmeter gestepptes Leder für eine wohnliche Atmosphäre, die allerdings nur auf Socken betreten werden darf. Da die, von dem 16 Liter V8 angetriebene Zugmaschine allerdings auch noch arbeiten muss, wurde auf dem Heck ein Palfinger PK 29002 Ladekran montiert, der neben einem Endlosschwenkwerk und Vierpunktabstützung auch über eine hydraulische Hubwinde verfügt. In der Ausführung G mit neun hydraulischen Ausschüben kann noch eine Last von 710 kg bei 21,1 Metern gestreckter Auslage angehoben werden. Diese Leistung war ausreichend für die Montagearbeiten an der" Juke Box", einem Hoch-/Rundfahrgeschäft des britischen Herstellers Tivoli, bei dem diese Zugmaschine bis zum Verkauf Ende 2022 eingesetzt wurde.

Mit Übernahme der zweiten „Wilden Maus" von Schaustellerfamilie Kinzler durch Max Eberhard wechselten neben den zum Transport der Achterbahn eingesetzten Anhängern auch zwei Zugmaschinen den Besitzer. So zeigte sich bereits kurz nach dem Eigentümerwechsel diese Scania R 520 (4x2) Highline in frischen Farben. Nur die, anstelle der unteren Frontklappe montierte, massive Stahlplatte zur Aufnahme der Rangierkupplung erinnert noch an den vorherigen Besitzer. Da die zweite Mack-Maus im Schienenverlauf unverändert bleibt, wird die Anlage bei Eberhard als „Wilde Maus – Das Original" betrieben.

Der Huss Breakdance avancierte über die Jahre zum Karussell Klassiker und darf in der heutigen Zeit auf keinem Festplatz fehlen. Der große Erfolg des Bewegungsklassikers aus der Bremer Maschinenfabrik spiegelt sich in der Anzahl der Exemplare wieder, die alleine in Deutschland unterwegs sind. Aktuell reisen 40 Exemplare des Breakdance 1 durch die Bundesrepublik. Die 1994 gebaute Anlage Nr. 50, deren Mittelbauwagen hier zu sehen ist, wird von Fredi Welte aus Bramsche betrieben. Als Zugmaschine dient diese Scania R 580 (4x2) in der Topline-Hochdach Version, deren absetzbare Wechselplattform zum Transport des Fahrstandes genutzt wird.

Die KMG (NL) Schaukel „Hip Hop Fly" wird seit 2013 vom Schausteller Romano Lagerin aus dem hessischen Rodenbach betrieben. Die über einen Pendelarm bis auf 22 Meter schwingende und vom Hersteller als Afterburner 24 angebotene Schaukel bietet in 6 Gondeln, die an einer rotierenden Nabe hängen, Platz für 24 Fahrgäste. Für die Anlage wird neben den zwei Mittelbauwagen, die miteinander verbunden die Sohle bilden und so als Fundament der Böcke bzw. Stützen dienen, nur noch ein Kassenanhänger benötigt. Der vordere der zwei Mittelbauwagen wird bei dieser Aufnahme aus Mai 2022 von der R 620 (4x2) Topline gezogen.

Bei dieser Scania Topline Zugmaschine handelt es sich ebenfalls um eine R 620 (4x2). Der Schausteller Adriano Rasch aus dem schleswig-holsteinischen Süderdeich setzt die kräftige V8, die hinter dem Fahrerhaus mit einem Palfinger PK 14 000 Ladekran ausgerüstet wurde, zur Montage sowie zum Transport des Kassen-/Fahrstands und zum Ziehen des Rückwandwagens der Überkopf-Schaukel „The Beast" ein. Das Fahrgeschäft stammt aus den Werkshallen des italienischen Herstellers Technical Park und wird als „Street Fighter Revolution" angeboten.

Im April 2022, nach langen zwei Jahren Corona Stillstand, konnte die junge Schaustellerin Alina Moser aus Stuttgart mit dem Glaslabyrinth „Die Glasfabrik" endlich Premiere feiern. Das Laufgeschäft wurde vom tschechischen Hersteller Ride Technik relativ kompakt auf dem Mittelbauwagen realisiert und von der Familie Moser ausgestaltet. Die Scania R 450 Highline (4x2) Sattelzugmaschine mit Streamline Paket wird für den Einsatz vor der „Glasfabrik" mit einer absetzbaren Wechselplattform und einem darauf abgestellten Container entsprechend ballastiert. Das Streamline Paket dient der Verbrauchsreduzierung und besteht aus einer aerodynamisch überarbeiteten Sonnenblende, Windabweiserlippen über den Hauptscheinwerfern sowie eingelassenen LED Begrenzungsleuchten.

Zweiachs – Zugmaschinen von Volvo

Diese Volvo F 88 (4x2) Zugmaschine konnte ich in der Schweiz im Jahre 2004 noch im aktiven Einsatz ablichten. Der Schaustellerbetrieb Roger Philippin sen. aus Ossingen (CH) war seinerzeit mit dem Mittelbau des Baby-Flug Karussells und dem zugehörigen Packwagen im Doppelgespann unterwegs. Das für Kinder gebaute Flugkarussell stammte vom französischen Hersteller Marcel Lutz.

Der Mittelbau des Mack Zweisäulen-Autoskooters der Schaustellerfamilie von Halle wurde im Laufe der Jahre von einigen Zugmaschinen bewegt. Auch diese Volvo F 10 (4x2) war eine Zeit lang für die Schaustellerfamilie im Einsatz und mit der „Music-Station" unterwegs. Die fest aufgebaute, mit Unterpallungshölzern beladene, Ballastpritsche wurde später zur Wechselbrücke für die MAN TGA umgebaut, um ein Planenverdeck ergänzt und ist aktuell noch im Einsatz.

Bei bereits tief stehender Sonne und versteckt zwischen Packwagen, eigentlich nur durch Zufall, entdeckte ich im Jahre 2021 noch diese Volvo F 16 (4x2) Globetrotter Zugmaschine der Schaustellerbetriebe Julius Meyer aus Neuwied. Der Ende der 1980er Jahre gebaute und mit dem kräftigen 16 Liter Sechzylinder-Motor ausgestattete Schwede ist mit einer absetzbaren Wechselpritsche als Ballast ausgestattet.

Auch diese FM Sattelzugmaschine mit dem „kleinen" 7,3 Liter und 290 PS leistenden Motor ist auf deutschen Straßen wohl eher selten zu finden. Beim Circus Salino der Familie Urban wurde jüngst dieses Exemplar der ersten FM Bauserie von einem Schaustellerbetrieb übernommen. Mit der absetzbaren Wechselpritsche ist die Zugmaschine für die im Circus anfallenden Transporte der vorhandenen Auflieger und Anhänger bestens geeignet.

Im Jahr 1992 habe ich diese Volvo FL 10 (4x2) der aus Bünde stammenden Schaustellerfamilie Berghaus fotografiert. Die Zugmaschine der ersten ab 1984 angebotenen mittelschweren FL Baureihe wurde für den Transport des Rundfahrgeschäfts „Twister" aus dem Hause De Boer (NL)" eingesetzt. Im Gegensatz zu den Fahrzeugen der F und nachfolgend der FH Serie, waren die FL in Deutschland doch deutlich seltener zu sehen.

Die 380 auf dem Schild hinter der Tür zeigt, dass diese Zugmaschine die Kraft aus dem hubraumstärksten 12 Liter Motor dieser Baureihe bezieht. Beim Schaustellerbetrieb von Hermann Fellerhof wird die wendige Volvo FM zur Montage der Geisterbahnen mit dem Atlas 155.1 Ladekran eingesetzt. Die drei hydraulischen Ausschübe des Krans erreichen eine gestreckte Auslage von knapp 10 Metern und heben dann noch 1,36 Tonnen Last. Für Zugaufgaben mit Anhängern wurde am Heck eine massive Traverse angebaut und das Fahrgestell im Rahmen mit herausnehmbaren Gewichten aufballastiert.

Die Schaustellerfamilie Feuerstein aus Frankfurt a.M. hat sich auf das Betreiben von Kinderfahrgeschäften spezialisiert und setzt bei den Transporten diese Volvo FM 12 (4x2) ein, die ich bereits Anfang der 2000er Jahre ablichten konnte. Der HMF 2820 Ladekran ist zusammen mit der Pritsche auf einem Wechselrahmen montiert, über Twistlock-Verschlüsse mit dem Fahrgestell verbunden und somit komplett absattelbar. Das Abheben vom Fahrgestell erfolgt dann über die Vierpunktabstützung des Krans.

Fest aufgebaut wurden die Pritsche sowie der Hiab 122-4 HiPro bei dieser allradgetriebenen Volvo FM 12 420 (4x4). Beim Zeltbetrieb Göbbels aus Gangelt ist die Hubkraft von 640 kg bei fast 13 Metern gestreckter Auslage gerade beim Bewegen der Schwerlastböden unbedingt notwendig. Der Ladekran verfügt bei diesem Arbeitsbereich über eine Vierpunktabstützung.

Die italienischen Luftakrobaten „The flying Wulber" waren 2017 beim Circus Charles Knie unter Vertrag und zeigten ihr Können auf dem Flugtrapez. Diese Volvo FM Globetrotter Sattelzugmaschine der zweiten Generation, 2001-2013, gehörte mit dem aufgesattelten und vom Hersteller Travel-Supreme gebauten River-Canyon 5th-Wheel Camper zum Tross der Artistenfamilie. Hinter dem Fahrerhaus befindet sich ein Aufbau für den Transport von Schläuchen, Kabeln usw.

Dass es sich trotz der zahlreichen Bulldoggen nicht um eine MACK sondern um die in Deutschland selten anzutreffende Volvo N Baureihe handelt, das ist leicht erkennbar. Der Schausteller Martin Blume aus Nienburg setzte die sauber hergerichtete N 12 (4x2) Zugmaschine in den 1990er Jahre ein, bevor das Fahrzeug an einen Berufskollegen in die neuen Bundesländer abgegeben wurde. Aktuell befindet sich der N-Hauber in Sammlerhand, trägt wieder Volvo Markenembleme und bleibt hoffentlich der Nachwelt erhalten.

Beim Circus Renz International ist eine NH 12 (4x2) Globetrotter Sattelzugmaschine im Einsatz. 2013 konnte ich den Hauber mit aufgesatteltem Dreiachs-Jumboauflieger während des Umsetzens zum nächsten Gastspielort auf einer Landstraße an der Nordseeküste ablichten.

Zum fünfzigsten Geburtstag bekam Roman Zinnecker von seiner Familie diese auf den Namen Edition 50 getaufte Volvo NH 12 (4x2) Globetrotter Zugmaschine überreicht. Das außergewöhnliche Geschenk wurde in Eigenleistung der Familienmitglieder und unter der Leitung vom ältesten Sohn, Marlon, für den Einsatz beim Circus mit einer zusätzlichen Anhängerkupplung am Heck ausgerüstet und optisch an den Belly-Wien (heute Maximum) Fuhrpark angepasst. Beladen mit zwei Manitou Teleskopstaplern sowie dem Deutz-Fahr DX 6.50 Allradschlepper auf dem Broshuis Semitieflader steht das Gespann abfahrbereit auf dem Festplatz.

Das vom Innenraum noch etwas höhere Globetrotter XL Fahrerhaus fand bei dieser FH 480 (4x2) Sattelzugmaschine mit dem 12,8 Liter D13 Sechzylinder-Motor Verwendung. Der etwas sonderbar aussehende Auflieger ist mit dem zusammenklappbaren Gondelausleger des „Gladiators" vom Schausteller Remco Kriek aus Marum (NL) beladen. Mondial aus Heerenveen (NL) baute den, mit einer Flughöhe von 62 Metern und bis zu 80 km/h schnellen Propeller, der unter dem Projektnamen Turbine angeboten wird und gleichzeitig 20 Fahrgäste in zwei freipendelnden Gondeln durch die Luft wirbeln kann. Der Knick im Rahmen des Auslegertransporters ist notwendig, um bei der Montage über die Stützen des bereits ausnivellierten Mittelbaus einschwenken zu können. Hierzu steht eine Wanderhydraulik zur Verfügung, die ein seitliches Versetzen ermöglicht.

Zusammen mit einem Spezialisten für Lenkachsen an Baustoffaufiegern, viel Eigenleistung und noch mehr technischem Geschick bauten die Schausteller Günter und Marc Eul aus Geldern den Mittelbauwagen des 1980 bei Mack gebauten 2-Säulen Musikexpress vom Anhänger zum Sattelauflieger um. Da als Zugmaschine eine Lowliner Ausführung mit niedriger Aufsattelhöhe genutzt werden muss, beschafften Vater und Sohn Eul diese Volvo FH 500 (4x2) mit einem Globetrotter XL Fahrerhaus. Trotz des silbernen FH 16 Kühlergrills ist auch bei diesem Fahrzeug der 12,8 Liter D13 Sechszylinder in Euro 6 Norm für den Antrieb verantwortlich.

Diese Volvo FH 16 550 Globetrotter (4x2) von Michael und Stefan Goetzke aus München wurde bei Gloria Fahrzeugbau in Grevenbroich mit einer aufwendig gestalteten und dem Fahrgestell angepassten Ballastpritsche ...

... sowie der dazu passenden Heckverkleidung ausgestattet. Hinter dem Fahrerhaus wurde zusätzlich noch ein hoher Werkzeugschrank, bestehend aus poliertem Edelstahl, mit integrierten Beleuchtungselementen platziert. LED Arbeits- und Rückfahrscheinwerfer sorgen zusammen mit der vorhandenen Kamera für die nötige Sicherheit.

Die Zahl 750 auf der Seitenverkleidung und sogar am Kennzeichen signalisiert zusammen mit dem silberfarbenen Kühlergrill, dass bei dieser Sattelzugmaschine gewaltige 750 PS aus 16 Litern Hubraum des Sechszylinder D16 Motor für ausreichend Vortrieb sorgen. Der Neusser Schausteller Marco Mages wählte bei der FH 16 750 (4x2) Zugmaschine das Globetrotter Fahrerhaus.

Dreiachs-Zugmaschinen

Dreiachs-Zugmaschinen von DAF

Diese DAF FTT 95 XF 530 SC (Space Cab) (6x4) wurde beim Schaustellerbetrieb Dieter Küchenmeister am „Apollo 13" eingesetzt. Die zur Jahresmitte 2022 nach Großbritannien verkaufte Anlage ist ein thematisch auf die Raumfahrt gestaltetes Fahrgeschäft, das beim italienischen Hersteller Fabbri unter der Werksbezeichnung „Booster Maxxx" produziert wurde. Diese Art von Fahrgeschäft wird umgangssprachlich auch als Propeller bezeichnet. Die Basis für die aufgesattelte offene Rolle, die gleichzeitig als Rückwandwagen dient und mit den Gondeln, dem Fahrstand sowie Teilen des Podiums beladen ist, bildet einen Dreiachs-Semitieflader.

Für die Montage des 55 Meter hohen und bis zu 120 km/h schnellen Karussells wurde bei Küchenmeister der kräftige Palfinger PK 52000 D Ladekran genutzt, der nun für andere Attraktionen bereit steht. Die fünf hydraulischen Ausschübe erreichen eine Auslage von 14,50 Metern. Diese kann noch durch drei mechanische Schubstücke auf knapp über 20 Meter verlängert werden. Neben der Vierpunktabstützung, dem Endlosschwenkwerk, gehört auch die hydraulische Seilwinde zur Ausstattung.

In der Winterpause 2018/19 wurde auch der von SDC aus Italien gebaute und von Dagmar Osselmann aus Mettmann betriebene 2-Säulen Autoskooter „Diamond" auf eine Alu-Fahrbahn aus kranbaren Schwerlastböden umgebaut. Durch die von Gloria Fahrzeugbau aus Grevenbroich durchgeführte Modernisierung tritt eine enorme Gewichtsersparnis ein und zusätzlich entfällt das personalintensive Verlegen der Fahrbahnelemente von Hand. In einer Zeit, in der kaum noch Personal zur Verfügung steht, wohl das wichtigste Argument für die Investition. Da die neuen Fahrbahnelemente mit einem Ladekran bewegt werden müssen, wurde diese DAF FTT XF 95.480 SC (6x4) angeschafft, die hinter dem Space Cab Fahrerhaus mit einem Palfinger PK 32080 über die notwendige Montagehilfe verfügt. In der vorhandenen Ausführung D besitzt der Kran fünf hydraulische Ausschübe, die gestreckt 14 Meter Auslage erreichen und dort noch 1.790 kg Gewicht anheben können. Für die Verlängerung der Auslage auf 18,40 Meter stehen zusätzlich zwei manuelle Schubstücke zur Verfügung. Bei dieser Aufnahme ist der Kassen-/Chaisenwagen angehängt, dessen ursprüngliche Basis nur auf zwei Achsen die Hallen der Fahrzeugfabrik Stork in Soest verlassen hat.

Auch der niederländische Schaustellerbetrieb Buwalda setzt eine Kombination aus DAF Sattelzugmaschine und Palfinger Ladekran ein. Die FTS XF 95.430 CC ist jedoch eine 6x2 Version mit zwillingsbereifter, liftbarer dritter Achse. Das Flachdach-Fahrerhaus wird bei DAF Comfort-Cab genannt. Der hinter dem Fahrerhaus montierte PK 56002 Ladekran mit Endlosschwenkwerk hebt bei 20 Metern Auslage noch ein Gewicht von knapp über 1,5 Tonnen und leistet bei der Montage der Fahrgeschäfte wertvolle Hilfe.

DAF FTG XF 106.530 SSC (Super Space Cab) in der Achskonfiguration 6x2/4 des Schaustellers Remco Krick aus den Niederlanden. Der zur offenen Rolle umgebaute Jumboauflieger ist mit Stützen, Fußbodenelementen und den Gondeln des 62 Meter hohen Propellers „Gladiator" beladen.

Dreiachs – Zugmaschine von Foden

Um einen Lkw des nicht mehr existierenden britischen Herstellers Foden auf einer deutschen Straße zu finden, braucht man schon eine ordentliche Portion Glück. Bei einem Gastspiel des Circus Krone im Jahre 2011 entdeckte ich diese Sattelzugmaschine der Foden 4000er Baureihe etwas versteckt im Bereich der rollenden Werkstatt. Die selbstverständlich rechtsgelenkte Foden 4380 (6x2) verfügt über einen 380 PS leistenden Cummins 6 Zylinder Motor.

Dreiachs – Zugmaschinen von Ford

Die ebenfalls zum Fuhrpark des Schaustellers Gerhard Meeß gehörende Iveco Turbo Star im Hintergrund war noch relativ jung, als ich während der 1990er Jahre diese Ford Transcontinental (6x4) ablichten konnte. Auf dem unter der Plane versteckten Plattformaufbau der Zugmaschine wurden Teile des Fahrgeschäftes „Alpha 1" verladen, das die Bremer Maschinenfabrik Huss als UFO im Programm führte.

Leider etwas vom hohen Gras verdeckt: Ford CLT-9000 (6x4) als Sattelzugmaschine. Der Hersteller Ford präsentierte bereits im Jahre 1977 die Frontlenker Baureihe CL-9000 und bot dem Fahrer damit erstmalig Annehmlichkeiten wie eine Vierpunkt-Luftfederung des in den USA „Cabover" genannten Frontlenker-Fahrerhauses, das komplett aus Aluminium gefertigt wurde. Zusammen mit dem, vermutlich ebenfalls aus den USA stammenden Kofferauflieger diente dieses Gespann dem französischen Tierlehrer James Puydebois zum Transport des mächtigen Elefantenbullen „Colonel Joe". Die Aufnahme entstand Anfang der 2000er Jahre beim Circus Krone.

Dreiachs – Zugmaschine von FTF

Der niederländische Nutzfahrzeug-Hersteller Floor Truck en Trailer Fabriek (FTF) baute an den Standorten Wijchen und Nijkerk neben Anhängern und Aufliegern eigene LKW und Spezialfahrzeuge. Die Komponenten des Antriebsstrangs wurden jedoch immer von Zulieferern bezogen. So auch bei dieser FTF FS-7.20 S (6x2) Sattelzugmaschine der Schaustellerbetriebe van der Honing aus Jelsum (NL), die von einem Detroit V6 Zweitakt-Dieselmotor angetrieben wurde, der die Kraft über das Fuller Getriebe auf die ebenfalls zugekaufte Antriebsachse abgab. Die letzte Achse war als zwillingsbereifte und liftbare Schleppachse ausgeführt. Da das in den 1990er Jahren auf einem deutschen Festplatz abgelichtete Fahrzeug auch im Anhängerbetrieb eingesetzt wurde, stand als Ballast eine Plattform, beladen mit Bauteilen des Riesenrads, zur Verfügung. Der Nutzfahrzeug Hersteller FTF existiert leider nicht mehr.

Dreiachs – Zugmaschine von Hanomag-Henschel

Als ich Anfang der 1990er Jahren diese Aufnahme machte, waren die Tage dieser Zugmaschine von Gerhard Meeß vermutlich schon gezählt. Ob die Hanomag-Henschel F 221 S2A (6x4/4) mit der gelenkten und angetriebenen mittleren Achse später in Sammlerhände gelangte, kann ich leider nur hoffen.

Dreiachs – Zugmaschinen von Iveco

Diese Iveco Euro Star LD 440 E 52 (6x4) brauchte im Jahr 2005 die volle Leistung von 520 PS, um nach dem Abbau der Cranger Kirmes den Mittelbauwagen des „Hexentanz" aus der durchweichten Wiese zu ziehen. Die mit dem Hochdach ausgestattete Zugmaschine der Schaustellerbetriebe Fahrenschon aus Rosenheim hatte als notwendigen Ballast einen mächtigen Palfinger Ladekran am Heck und war mit reichlich Unterpallungshölzern beladen. Das Rundfahrgeschäft „Hexentanz" wurde 1984 bei der Firma Zierer Karussell- und Spezialmaschinenbau als zweite Anlage dieses Typs hergestellt und ist immer noch auf namhaften Veranstaltungen unterwegs. Seit der Saison 2006 allerdings unter Regie der Schaustellerfamilie Markmann.

Im Jahr 2012 zeigte sich diese Euro Star LD 400 E 42 (6x2/4) der Münchner Schaustellerfamilie um Siegfried Kaiser noch in den Hausfarben des Vorbesitzers, dem Schausteller Johann Agtsch. Wie hier mit aufgesattelter offener Rolle, einem ehemaligen Jumboauflieger, zu sehen ist, wird die Zugmaschine hauptsächlich bei der Wildwasserbahn „Rio Rapidos" von Sascha Kaiser eingesetzt. Optisch etwas gewöhnungsbedürftig, aber der Gesamthöhe geschuldet, ist die Montage des Signalbalkens an der Front des Hochdachs.

Der Schausteller Nicky Weber aus Moormerland betreibt seit 2021 die Achterbahn „Family Coaster", die vom italienischen Hersteller SBF Visa als Parkanlage des Typs Big Apple gebaut wurde. Um die Anlage „reisetauglich" zu machen, baute die Schaustellerfamilie den hier abgelichteten Bahnhofswagen unter Verwendung einer offenen Rolle des Herstellers Kumlin Fahrzeugbau kurzerhand selbst. Für die Paletten, die mit Böcken und Schienen beladen sind und ebenfalls auf dem Anhänger transportiert werden, ist ein entsprechend leistungsfähiger Kran notwendig. Auf dem Heck der Iveco Euro Trakker MP 720 E 48 HT (6x4) steht dieser mit dem HIAB 422 E-7 HiPro ausreichend Hubkraft zur Verfügung. Mit den sieben hydraulischen Ausschüben hebt der Kran 1.480 kg bei 18,70 Metern Reichweite. Der mit Endlosschwenkwerk, Hubwinde und Vierpunktabstützung ausgerüstete Kran verfügt zusätzlich über zwei weitere mechanische Schubstücke, mit denen die Leistungswerte von 22,70 Metern Auslage dann 1.100 kg Hubkraft erreichen. Neben schweren Stahlplatten als Stirnwand und im Boden des Plattformaufbaus, ist als Ballast zusätzlich der Werkstattcontainer verlastet.

Bei der Wittener Schaustellerfamilie Bonner hat sich der Hersteller Iveco klar zur Hausmarke entwickelt. Diese Euro Tech MP 440 E 44 (6x4) gehört zum Fuhrpark des Fahrgeschäfts „Breakdance No 2" und wird dort auch für die Montagearbeiten eingesetzt. Auf diesem Foto, kann man hinter der verladenen Chipkasse noch den Palfinger PK 32000 erkennen...

... der aktuell von einem PK 42002 SH in der längsten Ausführung G mit acht hydraulischen Ausschüben abgelöst wurde. Dieser Kran hat eine hydraulische Reichweite von 20,8 Metern und kann mittels zwei mechanischer Ausschübe noch auf 25 Meter verlängert werden. Beim Ausnutzen der kompletten Reichweite, können immer noch 600 kg Last bewegt werden. Wie beim Vorgänger gehören ein Endlosschwenkwerk, Vierpunktabstützung sowie die hydraulische Winde zur Ausstattung, die schnelleres Arbeiten bei senkrechtem Lasthub ermöglicht.

Unten: Der Schausteller André Hans Schneider aus Bielefeld nutzt für die anfallenden Montagearbeiten an der von Mack gebauten 2-Stockwerk-Geisterbahn „Geisterschloss“ einen Effer 310.11/4S Ladekran, der bei gestreckter Auslage seiner vier hydraulischen Ausschübe eine Reichweite von 12,35 Meter erreicht und dort noch 1.200 kg an Last heben kann. Der Kran ist zusammen mit einer Ballastpritsche auf einem absetzbaren Hilfsrahmen montiert, der über Passstücke und Knebelschrauben gesichert auf dem Fahrgestell dieser Iveco Stralis AT 440 S 40 (6x2/4), mit dem schmalen Active Time (AT) Fahrerhaus in Flachdach-Ausführung aufliegt.

Der Ersatz für die Allrad-MAN bei Hermann Fellerhoffs Geisterstadt rollte in Form dieser Iveco Stralis AS 440 S 46 (6x2/4) mit einer Leistung von 460 PS auf den Festplatz. Der Palfinger PK 27002 wurde hinter der breiten Active Space (AS) Flachdachkabine auf das Fahrgestell montiert, um bei abgesetzter Plattform auch einen Satteleinsatz zu ermöglichen. Der Ladekran verfügt über sieben hydraulische Schubstücke und hebt bei einer Auslage von 18,90 Metern noch 830 kg an Last. Neben der notwendigen Vierpunktabstützung stehen eine hydraulische Hubwinde und zwei zusätzliche mechanische Ausschübe zur Verfügung. Die Hubkraft reduziert sich dann auf 570 kg bei verlängerter Reichweite von 23,10 Metern.

Unten: Diese 500 PS starke Stralis Hi-Way AS 440 S 50 (6x4) mit fest aufgebauter Pritsche ist beim Schaustellerbetrieb Bonner für die „dicken Brocken" zuständig. Der Aufbau, der hier zum Transport von Beleuchtungselementen sowie der Chipkasse dient, stammt von der Firma Kaiser Fahrzeugbau aus Ascheberg. Die Firma Kaiser aus dem Münsterland ist als Palfinger Händler in Schaustellerkreisen durchaus bekannt und hat auch für die anderen Zugmaschinen der Firma Bonner die Aufbauten angefertigt und die Ladekrane montiert.

Dreiachs – Zugmaschinen von Kenworth

Die bekannte Circusfamilie Togni überquerte bis vor wenigen Jahren immer wieder mal die Grenzen des Heimatlandes Italien, um quer durch Europa zu touren. So kamen auch deutsche Besucher in den Genuss, sich ein Programm dieses Großunternehmens anzusehen. Um auch von außen zu zeigen, dass sich die aufwändigen Shows an amerikanischen Vorbildern orientieren, wurden im Fuhrpark des „Circo Americano", des „American Circus" ein paar LKW aus den USA eingesetzt. So auch diese Kenworth W 900 A (6x4) Sattelzugmaschine, die ich in den 1990ern zusammen mit einem Kofferauflieger bei einem Gastspiel in Iserlohn ablichten konnte.

Beim Tierlehrer James Puydebois (F) wurde zur Saison 2009 die Ford Cabover Sattelzugmaschine durch diese Kenworth T 600 (6x4) abgelöst. Da das Fahrzeug hinter dem Hauber-Fahrerhaus, das in den USA Conventional-Cab genannt wird, keinen Sleeper (Schlafkabine) besaß, konnte der Radstand ungewöhnlich kurz ausfallen.

Dreiachs – Zugmaschinen von MAN

Nur zwei Jahre, ab 1992, reiste die Münchner Schaustellerfamilie Aigner mit dem Imperator. Das war ein richtig „dicker Klotz" von Fahrgeschäft, das baugleich mit dem ersten Exemplar „Evolution" in den Niederlanden bei Nauta Bussink realisiert wurde und als schwerstes, transportables Flugkarussell gewaltige 275 Tonnen Stahl den knapp 35 Meter Flughöhe entgegensetzte.

Für Transport und leichtere Kranarbeiten wurde bei Aigner diese MAN F7 26.320 DFS (6x4) eingesetzt. Der heckmontierte HIAB Ladekran gehörte zum Zeitpunkt der Auslieferung definitiv zu den kräftigen Exemplaren auf dem Markt. Bei der Aufnahme im Jahr 1993 waren zwar Auslegerlängen und Hubkräfte bei Ladekranen längst vorangeschritten, dieses Exemplar war aber schon durch die Bauweise technisch interessant. Der mächtige Hauptarm war bei diesem Typ teleskopierbar ausgeführt und wurde über zwei Hubzylinder bewegt. Das Schiebestück im Knickarm musste allerdings von Hand in der Länge verstellt und mittels Steckbolzen gesichert werden.

Im Jahr 2010 gehörte diese 26.320 DFS (6x4) noch zum Fuhrpark der Kinderschleife „Highway-Rallye" von Johann Kutschenbauer aus Delmenhorst. Passend zum Thema der Doppel-8-Schleife des Herstellers Strempel-Fahrzeugbau wurde die Zugmaschine mit einer Stoßstange und einem Rammschutz aus poliertem Edelstahl ausgestattet. Am Heck war ein HIAB 1165 Ladekran montiert, der bei einer Ausladung von 8,30 Metern noch 1.250 kg heben konnte.

Diese MAN F8 26.361 DFS (6x4) wurde am Riesenrad „Around the World" vom Schausteller Otto Cornelius aus Wallenhorst bis in das Jahr 2013 für die notwendigen Kranarbeiten genutzt. Der mit Endlosschwenkwerk und Vierpunktabstützung ausgestattete MKG Ladekran war hierzu am Heck hinter dem Plattformaufbau montiert. Auf diesem Aufbau wurde die Radnabe (Achse) des 50 Meter hohen Riesenrades von Mondial (NL) verladen.

Anfang der 1990er Jahre wechselte das vom Schausteller Kurt Kalbfleisch selbst gebaute und später vom Kölner Schaustellerbetrieb Neunkirchen betriebene Unikat unter den Riesenschaukeln den Besitzer und wurde von Familie Markmann übernommen. Die erste bei Markmann, an der „Nessy" genannten Schaukel, eingesetzte Zugmaschine war diese MAN F8 32.321 DFS (6x4). Trilexfelgen, die stabile Stoßstange und das technisch, zulässige Gesamtgewicht von 32 Tonnen lassen vermuten, dass das Fahrzeug ursprünglich für den Export bestimmt war oder im Schwerlastbereich eingesetzt wurde. Hinter dem Fahrerhaus war ein Palfinger Ladekran montiert.

Bei Mike Ahrend aus Nordstemmen wurde diese allradgetriebene 26.361 DFA (6x6) mit dem optisch gelungenen Pritsche-Plane Festaufbau an verschiedenen Fahrgeschäften des Schaustellerbetriebes, der aktuell unter dem Namen Freizeittechnologie FTE-Ahrend firmiert, eingesetzt.

Am Heck war ein kräftiger Effer 25000 2S Ladekran montiert, der mit Vierpunktabstützung, einem Endlosschwenkwerk sowie einer hydraulischen Hubwinde optimal für die Einsätze ausgestattet war. Die abgeschrägte Plane war wegen des seitlich angebrachten Bedienersitzes notwendig, um so einen 360° Schwenkvorgang bei geschlossenem Aufbau zu ermöglichen.

Diese MAN 26.361 DFS (6x4) wurde von Lutz Köhrmann aus Nienburg als Zugmaschine vor dem Mittelbau des Fahrgeschäfts „Flipper" eingesetzt. Da die Sattelzugmaschine nur das Nahverkehrs-Fahrerhaus besaß und der Aufnahmebock mit Königsbolzen am Mittelbau recht weit vorne montiert ist, konnten Beleuchtungselemente und weitere Teile des Karussell noch auf dem Zugfahrzeug transportiert werden. Lutz Köhrmann ist sehr findig und mit der eigenen Werkstatt auch gut aufgestellt, wenn es um die Optimierung der Transporte geht. Bei dem, von der Maschinenfabrik Huss stammenden Flipper-Mittelbau ist es zudem technisch schnell umsetzbar möglich, zwischen Anhänger und Auflieger Version zu wechseln. Das Vorderachsfahrwerk, auch Protze genannt, wird lediglich gegen den Aufnahmebock mit Königsbolzen getauscht. So wird aus dem Anhänger ein Auflieger.

Die Frage nach der korrekten Typenbezeichnung dieser MAN F 8 6x4 Sattelzugmaschine der Firma Ride Construction Service, die kann ich nicht beantworten. Trotzdem möchte ich diese ältere Aufnahme, alleine wegen der Schwerlaststoßstange und des relativ interessanten Aufbaus mit durchgehender Radabdeckung aus Stahlblech und einer großen Werkzeugkiste hinter dem Fahrerhaus zeigen. Gegen die angebrachte Typenangabe 26.361 sprechen allerdings das relativ tief auf dem Fahrgestell montierte Fahrerhaus und das, für diese Motorisierung charakteristische, nicht vorhandene Lochblech unterhalb des Kühlergrills, ...

... das bei der Sattelzugmaschine des Schaustellerbetriebs von H.O. Schäfer gut zu erkennen ist. Die 26.361 DFS (6x4) war bei den Schäfers lange Zeit das Zugpferd für die schweren Transporte und wurde zuletzt dazu eingesetzt, den Mittelbau des „Shake & Roll" auf die Festplätze zu ziehen. Dieses opulent ausgestattete Rundfahrgeschäft mit der Werksbezeichnung „Shake R5" wurde 1991 vom niederländischen Hersteller Mondial als „Shake – it' great" an den Schwerter Schaustellerbetrieb ausgeliefert und war sogar der Prototyp dieses Karussells. Da der Fahrablauf dem Huss Breakdance relativ ähnlich war, einziger Unterschied waren die „schwingenden" Gondeln und fünf Gondelkreuze, wurde das Fahrgeschäft bereits 1993 zum „Shake & Roll" umgebaut. Wie es der Name eigentlich schon verrät, wurden alle 20 Gondeln gegen Looping Gondeln ausgetauscht und brachten zusätzlich den „Roll" ins Fahrerlebnis.

An den Riesenrädern von Oscar Bruch jr. wurde diese MAN F 90 24.372 FNLS (6x2) sowohl als Sattelzugmaschine als auch, mit einer Wechselpritsche ballastiert, vor Anhängern eingesetzt. Das Fahrzeug verfügt über eine liftbare Nachlaufachse und wurde früher, der Abgasanlage unter der Frontstoßstange nach zu urteilen, vermutlich im Gefahrstofftransport eingesetzt. Der luftgefederte Auflieger stammt vom Hersteller Schwarzmüller und verfügt über eine Lenkachse sowie ein ausziebares Heck, war demnach mal für den Langmaterialtransport gebaut und wird beim „Bellevue Riesenrad" mit einem Teil der Kranzeisen beladen.

Diese 24.372 FVLS (6x2/4) von Angela und Inge Bruch verfügte im Gegensatz zum vorher gezeigten Foto über die, bei einer Sattelzugmaschine deutlich häufiger anzutreffende, gelenkte Vorlaufachse. An den Fahrgeschäften der Schwester sowie der Mutter von Oscar Bruch jr. wurde dieses Fahrzeug ebenfalls im Sattel und Anhängerbetrieb eingesetzt. Vorne an der Stirnwand der absetzbaren Ballastpritsche lugt bei dieser Aufnahme sogar noch ein Lichtbalken hervor, der noch zu Zeiten des Bahntransports deutlich häufiger zum Einsatz kam. Die mit der Bundesbahn transportierten Anhänger wurden vom Güterbahnhof mit 25 km/h zum Festplatz transportiert, benötigten deshalb keine eigene Zulassung und besaßen auch meistens keine eigene Beleuchtungsanlage. Das Kennzeichen der Zugmaschine wurde deshalb an einem Lichtbalken montiert, der dann mit Ketten am Wagenheck befestigt und über ein langes Kabel mit der elektrischen Anlage verbunden wurde. Beobachten kann man diese Transporte aber eigentlich nur noch beim Circus Roncalli, und das leider auch in abnehmender Tedenz.

Auf den ersten Blick nicht zu erkennen, aber bei dieser 26.502 des Nienburger Schaustellerbetriebes Köhrmann handelt es sich um ein Fahrzeug mit nur einer angetriebenen Achse. Bei der letzten Achse dieses 6x2 Fahrgestells handelt es sich im Grunde um das leere Gehäuse einer Außenplanetenachse ohne Wellen und Getriebe, die bei Leerfahrt über die Luftfederung geliftet werden kann. Durch diese Bauweise lässt sich eine technisch höhere Achslast der Nachlaufachse erreichen, die bei der vorherigen Verwendung als Eichfahrzeug vermutlich notwendig war. Aufgesattelt ist auf diesem Foto noch der mittlere der drei Mittelbauwagen des Fahrgeschäftes „Artistico", das mittlerweile aber die deutschen Festplätze verlassen hat und nach Dubai verkauft wurde. Die beim Hersteller Mondial in den Niederlanden unter dem Projektnamen „Mistral" gebaute Großschaukel erreichte eine Flughöhe von knapp 46 Metern und hatte als erstes Fahrgeschäft dieser Art die Sitzreihen in Blickrichtung nach außen angeordnet. Die Fahrgestelle der Mittelbauwagen lieferte die Firma Roodberg aus Terband, Heerenveen (NL), die hauptsächlich moderne Bootstransportsysteme produziert, aber bei Mondial häufig die Karusselle auf die Räder stellt.

Diese Abbildung zeigt eine 33.502 (6x4) der Familie Köhrmann, die seinerzeit mit einem Effer Deco 50000 Kranaufbau unterwegs war. Der wegen des ursprünglichen Einsatzgebiets auch als Zimmereikran bezeichnete Montagekran hatte eine Hubkraft von 1.000 kg bei 24 Metern Auslage. Trotz des großen Platzbedarfs für die Krantechnik baute der Nienburger Schausteller hier noch eine kleine Ladefläche auf das Kranpodium, um Bauteile des Fahrgeschäftes „Fliegender Teppich" verladen zu können. Angehängt ist der Mittelbau des „Teppichs" der von der Zierer Karussell- und Spezialmaschinenbau GmbH & Co. KG hergestellt wurde und von 1991 bis 2004 von der Familie Köhrmann betrieben wurde.

Gleiches Fahrzeug, neuer Aufbau! Der wuchtige Effer-Kranaufbau wurde im Laufe der Zeit durch diesen HMF 4220 Ladekran ersetzt, den wir später wiedersehen werden. Mit Vierpunktabstützung sowie einer hydraulischen Hubwinde ausgestattet stemmte der Kran bei 17,1 Metern hydraulischer Auslage 1.570 kg Last. Als Antriebsquelle konnte neben dem Nebenabtrieb des LKW Motors auf eine elektrisch angetriebene Pumpe umgestellt werden, die über das Stromnetz des Festplatzes versorgt wurde. So konnten Kraftstoff gespart und Betriebsstunden des LKW Motors reduziert werden. Eine Seilwinde mit Propellerrolle am Heck gehörte bei dieser Zugmaschine zur Ausstattung und diente so manchem Kollegen als letzte Rettung auf nassen Festwiesen.

Auch bei dieser Zugmaschine des Münchener Schaustellers Rudi Bausch handelt es sich um eine 33.502 DFS (6x4). Der Pritschenaufbau stammt von der Firma Leitner Fahrzeugbau aus Lengau in Österreich und dient unter anderem für den Transport der Gegengewichte des Huss „Top Spin". Für zusätzlichen Ballast auf den beiden Antriebsachsen, sorgt auch der schwere Palfinger PK 30000 in der Ausführung C, der bei einer Reichweite von 12,50 Metern über die vier hydraulischen Ausschübe noch 2.110 kg heben kann. Zwei mechanische Verlängerungen erweitern die Reichweite auf 17,50 Meter bei dann noch 1.250 kg Hubkraft. Neben der obligatorischen Vierpunktabstützung in dieser Leistungsklasse, ist der Kran mit einem Endlosschwenkwerk sowie einer Hubwinde ausgestattet. Schön zu erkennen sind bei diesem Foto die zwei montierten Anhängerkupplungen mit Bolzendurchmesser von 40 mm und 50 mm für die Schwerlastausführung.

Der Fahrstand des Huss „Breakdance No. 1" vom Schaustellerbetrieb Piontek aus Badbergen passt wie angegossen auf den festen Pritschenaufbau der MAN 26.422 (6x4) hinter dem kurzen Fahrerhaus. Am Heck der Zugmaschine war bei dieser Abbildung noch der HMF 2820-K6 Ladekran montiert. Die fast 17 Meter Reichweite dieses Krans konnten durch einen angebauten Fly-Jib mit zwei hydraulischen Schubstücken noch verlängert werden. Der HMF wurde in der Winterpause 2020/21 durch ein zwar gebraucht erworbenes aber leistungsfähigeres Exemplar des Herstellers Palfinger ersetzt. Der angehängte Breakdance Mittelbauwagen gehört übrigens zu den ersten sechs ausgelieferten Anlagen, die noch mit drei Achsen das Bremer Herstellergelände verlassen haben. Die nachfolgenden Anhänger verfügten zunächst nur über zwei Achsen und wurden nachträglich dann auf Sattelbetrieb oder mit einer zusätzlichen Achse umgerüstet. Dieser Umbau erfolgte in den meisten Fällen zusammen mit einer kostenintensiven Generalüberholung des kompletten Fahrgeschäftes, die im Rahmen der DIN EN 13814 notwendig wurde. In dieser DIN Norm wurde die Prüfung und Überwachung für sogenannte „fliegende Bauten" festgelegt.

In dem auffällig hohen Transportgestell hinter schützenden Blechtafeln auf der Ladefläche dieser Zugmaschine verbirgt sich eine große Multimediawand, die während der Spielzeit an der Front des „Big Bamboo" hängt. So sollen die Besucher auf das von Dietz gebaute Laufgeschäft aufmerksam und zum Betreten der showähnlichen Anlage mit aufwendigem Südsee-Flair animiert werden. Die aus Oldenburg stammende Schaustellerfamilie um Michael Hempen setzte diese äußerst gepflegte 33.462 DF (6x4) auch schon am Vorgängergeschäft „Das Omen" ein.

Die genaue Typenangabe dieser MAN F 2000 (6x4) Zugmaschine des Schaustellers Patrick Alberts aus Neukamperfehn bleibt leider unbeantwortet. Dafür liefere ich technische Details zum Palfinger Ladekran, der zwischen der Werkzeugbox hinter dem Nahverkehrsfahrerhaus und der festmontierten Ballastpritsche positioniert ist. Der PK 54000 E verfügt über sechs hydraulische Ausschübe, die komplett gestreckt 15,80 Reichweite erreichen. Hier hebt der mit Enlosschwenkwerk, Vierpunktabstützung und Hubwinde ausgerüstete Kran noch 2.540 kg Last.

Bei der „Villa Wahnsinn" handelt es sich um ein Laufgeschäft, das der Schausteller Markus von Olnhausen aus Düsseldorf auf namhaften Veranstaltungen präsentiert. Der Mittelbauwagen des Haupthauses dieser Vergnügungsanlage wird hier von der, ehemals beim Schaustellerbetrieb Markmann eingesetzten MAN F 2000 26.463 (6x4) Zugmaschine auf den Festplatz gebracht. Hinter dem langen Fahrerhaus befindet sich ein HIAB 140 RW Ladekran, der hydraulisch ausgeschoben eine Länge von 8,20 Metern erreicht und dort noch 1.550 kg Last hebt. Über zwei zusätzliche mechanische Verlängerungen können noch 600 kg bei 12,50 Meter bewegt werden. Eine hydraulische Hubwinde ist vorhanden und sorgt für zügige Lastbewegungen. Auf dem, von der Sattelzugmaschine absetzbaren Wechselrahmen wird bei dieser Transportfahrt ein Wohnkoffer transportiert, der als Personalunterkunft genutzt wird.

Die drei angetriebenen Achsen, sorgen bei dieser 27.403 (6x6) des Schaustellerbetriebes Schäfer aus Schwerte auch abseits einer befestigten Straße für ausreichend Vortrieb. Hauptsächlich wird die, mit einer festen Ballastpritsche und dem Palfinger PK 35000 D ausgerüstete F 2000 am Rundfahrgeschäft „Voodoo Jumper" des italienischen Herstellers Fabbri eingesetzt. Der Ladekran erreicht mit den fünf hydraulischen Ausschüben eine gestreckte Reichweite von 14,50 Metern und hebt dort noch 1.890 kg. Zusätzlich kann ein auf der Ladefläche mitgeführter PJ 063 B Fly-Jib montiert werden. Die Reichweite verlängert sich dann über die hydraulischen Ausschübe auf weitere 8,20 Meter (765 kg Last) und mit zwei mechanischen Verlängerungen sogar auf maximal 12,20 m (300 kg Last). Eine Hubwinde, deren Seil auch über den Fly-Jib geführt werden kann, gehört zur weiteren Ausstattung.

Bis in das Jahr 2016 war der Schausteller Franz-Xaver Kollmann aus dem bayerischen Ort Dietersburg mit dem Huss Fahrgeschäft „Magic" unterwegs. Für die anfallenden Montagearbeiten wurde ein Atlas AK 330.1 Ladekran eingesetzt, der am Heck dieser MAN FE 460 A 6x2/4 montiert war. Die Zugmaschine der F 2000 Evo Bauserie ist hier mit der Rolle des „Magic" zu sehen, die im vorderen Bereich über einen Kofferaufbau verfügte und u.a. mit dem Podium, der Rückwand und der großen Schrift beladen war.

Von einem Hagener Fuhrunternehmen übernahm Hans-Otto Schäfer diese TGA 26.480 (6x2/4), die mit der Vorlauf-Lenkachse und einem Flachdach-Fahrerhaus in der breiten Version, dem sogenannten XL Fahrerhaus, ausgestattet ist. Für angenehmes Klima verrichtet auf dem Kabinendach eine Viesa Standklimaanlage ihren Dienst. Aufgesattelt ist hier der Mittelbau des Propellers „Turbo Force", den die Familie Schäfer von 2002 bis 2017 auf den Festplätzen präsentierte. Das Fahrgeschäft stammt vom italienischen Hersteller Zamperla, hat eine Flughöhe von 40 Metern und beschleunigt die beiden freischwingenden Gondeln für jeweils vier Personen auf flotte 100 km/h. Optisch war dieser Mittelbauwagen für mich ein Graus. Die letzte Achse täuschte durch die Einzelbereifung irgendwie immer einen Reifenschaden vor und insgesamt sah der Gesamteindruck eher nach einem Turmdrehkran auf Reisen aus. Die Kirmesbesucher, die an der Kasse in der Schlange auf die Fahrt warteten und die Verweildauer bei der Firma Schäfer sprechen für dieses Karussell, das aktuell unter dem bayerischen Schausteller Patrick Sachs als „Godzilla" die Fahrgäste erfreut.

Diese TGA 26.480 (6x2) ist zwar mit dem mittelhohen XLX Fahrerhaus aber ohne lenkbare Vorlaufachse im Fuhrpark von Sebastian Küchenmeister unterwegs. Der Schausteller aus Dortmund reist seit 2011 mit der XXL Afterburner Riesenschaukel des Herstellers KMG (NL), die komplett im Dschungellook dekoriert auf den Namen „Konga" getauft wurde. Hinter der passend zum Design der Schaukel lackierten Zugmaschine ist der hintere der drei Mittelbauwagen zu sehen, die in das Fahrgeschäft integriert sind. Deren Fahrgestelle wurden von Esve Special Trailers BV aus Lichtenvoorde an KMG zugeliefert.

Mit dem schmalen LX Fahrerhaus und einer liftbaren Nachlaufachse ist diese 26.480 (6x2) des Bremer Schaustellers Karl-Heinz Heine beim 4-Etagen Laufgeschäft „Happy Family" im Einsatz. Ursprünglich als Sattelzugmaschine mit Ladekran beschafft und einige Zeit auch so eingesetzt, erhielt das Fahrzeug später einen Plattformaufbau sowie eine Anhängerkupplung und notwendige Versorgungsanschlüsse am angepassten Heck. Der Palfinger PK 20002 Ladekran besitzt neben 5 hydraulischen Ausschüben auch eine Hubwinde und stemmt bei 15 Metern noch 930 kg Last.

Komplett auf das Thema Riesenräder hat sich die Schaustellerfamilie Landwermann-Henschel aus Delmenhorst spezialisiert. Die drei vorhandenen Anlagen kommen allesamt vom Hersteller Mondial aus den Niederlanden. Typisch für die transportablen Riesenräder dieses Herstellers sind die als Fundament dienenden und in die Anlage eingebauten Wagen. Bis zu einer Höhe von 55 Meter besteht die Basis aus zwei Bockwagen, mit den hydraulisch klappbaren Stützen und einem mittig platzierten Speichenwagen. Hier ist der Speichenwagen des 48 Meter hohen „Movie Star 2", gezogen von einer TGA 26.530 XXL (6x2/4), zu sehen.

Eine interessante Zugmaschine konnte ich an einer der Achterbahnen der Schaustellerfamilie Vorlop aus Hamburg aufnehmen. Ursprünglich mal als 6x2 LKW-Fahrgestell ausgeliefert wurde die MAN TGA 26.480 LX mit einem schweren Ladekran des italienischen Herstellers Effer ausgerüstet, der wegen des hohen Eigengewichts von über 5 Tonnen mittig zwischen Vorder- und erster Hinterachse montiert wurde. Hinter dem Effer 520 8S (52 mt, acht hydraulische Ausschübe), der mit Endlosschwenkwerk und Vierpunktabstützung aufwartet, wurde dann eine verschiebbare Sattelplatte montiert.

Bei der Plettenberger Schaustellerfamilie Langhoff wurde jüngst diese MAN TGA 33.530 (6x4) Sattelzugmaschine mit Palfinger Ladekran angeschafft, die vorher in den Niederlanden beim Spezialtransportunternehmen Herpertz Kraanverhuur Transport & Berging aus Nederweert eingesetzt wurde. Der hinter dem LX Fahrerhaus montierte PK 36002 E ist mit einer Vierpunktabstützung, Endlosschwenkwerk, Hubwinde und Fly-Jib ausgerüstet. Die sechs hydraulischen Ausschübe erreichen eine Reichweite von 15,90 Metern und 1.530 kg Hubkraft ohne angebauten Fly-Jib. Mit den drei hydraulischen Schubstücken des Fly-Jib stehen dann noch 630 kg Hublast bei 24,50 Metern gestreckter Reichweite zur Verfügung. Hier gilt allerdings auch wieder, dass beim Einsatz der Hubwinde oder zusätzlich vorhandener mechanischer Verlängerungen die Traglast immer weiter abnimmt. Die Zugmaschine wird hauptsächlich beim Fahrgeschäft „Flipper" aus dem Hause Huss eingesetzt, das mittlerweile auf das Steampunk Thema umgestaltet wurde und kurzum auch als „Steamer" auf die Festplätze rollt. Der kompakte Mittelbau wird bei Langhoff als Sattelauflieger gefahren und mit der Kranmaschine umgesetzt.

Den HMF 4220 Ladekran kennen wir noch von der MAN F 90. Zur Saison 2018 baute Lutz Köhrmann in der eigenen Werkstatt den Kran, die elektrische Hydraulikanlage sowie die Rahmenseilwinde auf diese TGA 26.530 XL (6x4) um. Das Fahrzeug wurde vor dem Umbau schon als Zugmaschine eingesetzt. Mit absetzbarer Ballastpritsche oder dem Personalcontainer als Ballast, vor den Anhängern sowie im Sattelzugbetrieb. Ursprünglich mit dem sogenannten Baueinstieg, also den offenen Trittstufen ausgestattet, wurde das Fahrzeug zusätzlich noch mit Türverlängerungen und einer verkleideten unteren Trittstufe aufgewertet. Bei der Lackierung geht man im Hause Köhrmann ebenfalls keine Kompromisse ein und behält das klassische Farbschema auch bei den jüngeren MAN Baureihen bei. Für mich, als echter Fan derartiger „Old School" Lackierungen, bereitet mir der Anblick des Fuhrparks übrigens immer eine große Freude.

Mittlerweile wurde auch der HMF Kran durch ein leistungsfähigeres Produkt der Firma Palfinger ersetzt. Der PK 50002-EH in der Ausführung G verfügt über acht hydraulische Ausschübe mit 20,80 Metern gestreckter Reichweite. Hier können noch Lasten von 1.480 kg angehoben werden. Zur Vierpunktabstützung gehören das Endlosschwenkwerk sowie eine Hubwinde zur Ausstattung des Krans, der bei vorhandener Infrastruktur über die elektrische Hydraulikpumpe betrieben wird.

Bei dieser Zugmaschine des Wallenhorster Schaustellerbetriebes Cornelius handelt es sich um eine TGA 26.530 mit dem flachen XL Fahrerhaus und 6x4 Antriebsformel. Als Ersatz für die MAN F8 Kranmaschine angeschafft, übernimmt die Zugmaschine mit dem HMF Odin K 4 Ladekran die Montagearbeiten am „Around the World" Riesenrad. Bei einer hydraulischen Reichweite von etwas über 12 Metern hebt der, mit Vierpunktabstützung ausgestattete kräftige Däne noch eine Last von fast 4 Tonnen. Der Aufbau, in Plattformbauweise, dient zum Transport der Antriebsnabe des Riesenrades, Unterpallungshölzern und Teilen des Eingangsbereiches.

Der Speichenwagen des „Around the World" wird bei Cornelius zumeist von der TGA 26.510 XXL (6x4) gezogen, für die auch eine absetzbare Ballastbrücke vorhanden ist. Während des Spielbetriebes dient der mittig, zwischen den Bockwagen, platzierte Auflieger als Bahnhof des Mondial Riesenrades. Die Fahrgestelle der drei Auflieger kommen wieder von Roodberg.

Diese TGA 26.480 LX (6x4) Zugmaschine wurde in Dänemark beim Schwertransportunternehmen von Leo Rathleff aus Brande eingesetzt, bevor sie von Michael Götzke aus München in den Fuhrpark übernommen wurde. Für den sicheren Transport des 10 Fuß Werkstattcontainers wurden, zusätzlich zur Sattelplatte, zwei Twistlocktraversen auf das Fahrgestell montiert. Der angehängte Personalwagen wurde von Dietz Fahrzeugbau aus Schwalmstadt-Ziegenhain gefertigt.

Das größte Kaufargument für das Gebrauchtfahrzeug findet man hinter dem Fahrerhaus. Der Palfinger PK 44002 verfügt über sechs hydraulische Ausschübe und hebt bei 15,90 Metern noch 1.960 kg Last.. Sollte die Reichweite mal nicht ausreichen, stehen noch drei zusätzliche mechanische Verlängerungen zur Verfügung. Der Kran besitzt weiterhin ein Endlosschwenkwerk, die bei dieser Leistungsklasse typische Vierpunktabstützung sowie eine Hubwinde. Große Werkzeugkästen neben dem Kran und am Fahrgestell, das angepasste und formschöne Heck sowie die Riffelblechabdeckung sind typisch für ein Fahrzeug, das vorher in Dänemark beheimatet war.

Ebenfalls aus Dänemark stammt die TGA 33.480 XL (6x6 H) von Lutz Köhrmann, die mit einer hydraulisch angetriebenen Vorderachse ausgestattet ist. In der eigenen Werkstatt wurde die Hydrodrive Sattelzugmaschine mit einer Twistlocktraverse für die Aufnahme der vorhandenen Wechselbrücken ausgestattet und mit einer Schwerlast-Anhängerkupplung mit 50 mm Bolzendurchmesser am Heck für die anfallenden Transportaufgaben vorbereitet. Die für den Schaustellerbetrieb Köhrmann typischen Kotflügel aus Riffelblech, die rot-weiß gestreifte Stoßstange und die klassische Farbauswahl findet man selbstverständlich auch an diesem Fahrzeug.

Auch vor dem mächtigen Mittelbauwagen, der im Sommer 2022 auf der Rheinwiese in Düsseldorf erstmalig präsentierten Karussel-Neuheit „Escape", macht die Zugmaschine ordentlich was her. Das Rundfahrgeschäft stammt von Mondial aus den Niederlanden, ist eine Neuentwicklung und benötigt neben dem Mittelbauwagen noch drei weitere offene Rollen für den Transport. Die Fahrgestelltechnik des ca. 21 Meter langen Mittelbaus lieferte Roodberg aus Heerenveen (NL) zu.

Diese TGS 26.480 (6x6 H) verfügt ebenfalls über die hydraulisch angetriebene Vorderachse, die zwar kein echter Ersatz für einen mechanischen Allradantrieb ist, aber für den Einsatz im Schaustellergewerbe, mit vielen Autobahnkilometern, eine echte Alternative bietet. Marlon und Sebastian Küchenmeister beschafften die Sattelzugmaschine mit dem Palfinger PK 36002 Ladekran als Gebrauchtfahrzeug für ihr 38 Meter hohes und bei Technical Park in Italien gebautes Riesenrad „White Wheel". Die Sattelzugmaschine war vorher bei der Firma Wolf im Einsatz, die z.B. im Bereich Fertighallenbau zu den führenden Anbietern gehört und einen eigenen Fuhrpark unterhält. Der hinter dem Fahrerhaus aufgebaute PK 36002 entspricht der Version G mit acht hydraulischen Ausschüben, Endlosschwenkwerk, Hubwinde und Vierpunktabstützung. Bei einer gestreckten Auslage von 20,50 Metern können 880 kg an Lastgewicht gehoben werden. Interessant ist die Riffelblechabdeckung auf dem Fahrgestell, die wie die Kranmontage bei Leitner Fahrzeugbau in Lengau (A) realisiert wurde. Zusätzlich zur Sattelplatte steht am Heck eine Anhängerkupplung zur Verfügung. Der als Ballast dienende 10 ft Werkstattcontainer wird über die Sattelplatte und mittels Twistlocktraverse gesichert.

Für die Montagearbeiten an den Riesenrädern steht beim Schaustellerbetrieb Landwermann Henschel diese TGX 26.540 XLX (6x4) mit einem heckaufgebauten Palfinger PK 36002 zur Verfügung. Der mit einem Endlosschwenkwerk und Hubwinde ausgerüstete Kran hebt in der Ausstattung mit 7 hydraulischen Ausschüben und gestreckter Reichweite von 18 Metern 1.140 kg an Lastgewicht. Der Pritschenaufbau von Leitner Fahrzeugbau dient zum Transport der Unterpallungshölzer, die in kranbaren Gitterboxen untergebracht sind und passgenau verladen werden können.

Gloria Fahrzeugbau aus Grevenbroich baute den Eingangswagen für das „Movie Star 2" Riesenrad von Landwermann Henschel, der hier im Transportzustand, zusammen mit der TGX 26.560 XLX (6x2/4), zu sehen ist. Das beim Spielbetrieb demontierte Achsaggregat ist als zwangsgelenkte Protze ausgeführt. Diese lässt sich manuell nachsteuern, wodurch das lange Gespann, zusammen mit der Vorlauflenkachse der Sattelzugmaschine, die nebenher erwähnt schon über den D 38 Motor in Euro 6 Abgasnorm verfügt, sehr wendig wird. Zusätzlich erleichtert eine sogenannte Wanderhydraulik, die ein seitliches Versetzen möglich macht, das punktgenaue Positionieren des Eingangs vor dem Riesenrad und zwischen die vorher aufgestellten Stützen des vorderen Bocks. Das freitragende Dach kann hydraulisch aufgeklappt, in Position gefahren und das Podium mit der Kasse höhengleich zum Fußboden des Bahnhofsbereichs ausgerichtet werden. So entsteht nach dem Absenken der vorderen Fußböden ein barrierefreier Zugang zur Anlage. Selbstverständlich wird der Auflieger beim Transport zusätzlich noch mit einigen Bauteilen des Riesenrades beladen.

„Break Dancer No. 1 – Das Original", die erste bei der Bremer Maschinenfabrik Huss als Projekt 17 gebaute Anlage hat nie den Besitzer gewechselt und wurde lediglich stets innerhalb der Familie an die nächste Generation weitergegeben. Nach Erika Dreher, die 1985 den Grundstein der Erfolgsgeschichte des Rundfahrklassikers legte und schon zwei Jahre später mit dem größeren „Break Dancer No. 2" die Messlatte noch einmal höher legte, folgte Claudia Dreher-Vespermann, die zusammen mit ihrem Ehemann Andreas Vespermann und den Söhnen Felix und Mike auch aktuell mit beiden Anlagen auf der Reise sind und das Publikum mit den rasanten Fahrten erfreuen. Typisch für die ersten Anlagen ist der dreiachsige Mittelbauwagen, der in aufgebautem Zustand quer unter dem Fahrgeschäft steht. Als Zugmaschine dient eine MAN TGS 26.440 LX (6x2/4) mit absetzbarer Ballastbrücke. Am Heck wurde die Zugmaschine mit einer zusätzlichen Schwerlasttraverse sowie zwei Anhängerkupplungen mit 40 und 50 mm Bolzendurchmesser ausgerüstet. So konnte vor dem Umbau zum Sattelauflieger auch der schwere Mittelbauwagen des großen Break Dancer gezogen werden.

Neben dem hauptsächlichen Einsatzzweck, dem Gerätetransport mit dem teleskopierbaren Vierachs-Satteltieflader des Herstellers Scheuerle, wird die TGX 26.480 XLX (6x2/2) mit liftbarer aber starrer Vorlaufachse beim Circus Roncalli natürlich auch vor anderen Aufliegern ...

... und den Anhängern des Unternehmens eingesetzt. Hier rollt der 1969 in den Hallen von Eberhard Stork & Söhne in Soest gebaute und erst kürzlich in den Roncalli-Werkstätten aufwändig restaurierte Wohnwagen des Zeltmeisters Michele Rossi auf den Circusplatz.

Der Schaustellerbetrieb Göbel aus Worms nutzt ebenfalls eine dreiachsige TGX mit dem mittelhohen XLX Fahrerhaus für den Transport der verschiedenen Fahrgeschäfte. Die 26.540 (6x2/4) verfügt allerdings über eine Vorlauflenkachse und ist hier mit dem zum Bockwagen umgebauten Jumboauflieger des „White-Star" Riesenrades zu sehen. Das von Nauta Bussink gebaute, 33 Meter hohe Riesenrad wird bei Göbel auf insgesamt vier Sattelauflieger verladen.

Der italienische Hersteller Fabbri lieferte im Jahre 2003 diesen Mittelbauauflieger des ursprünglich "High Energy" genannten Fahrgeschäfts an den Schaustellerbetrieb Ordelmann aus den Niederlanden. Nach einer kurzen Zwischenstation bei Familie Burghard aus Soest und der Umbenennung in „High Impress" wechselte das oftmals als „schnellste Bratpfanne" bezeichnete Karussell im Jahre 2007 wieder den Besitzer und wurde von Frank Oberschelp aus Kassel übernommen. Hier wurde das Fahrgeschäft, das mittlerweile von Louis Oberschelp betrieben wird, optisch weiter aufgewertet und überzeugt die Festplatzbesucher aktuell mit der rasanten Fahrt. Als Zugmaschine wird teilweise diese TGX 26.480 XXL 6x2/4 eingesetzt, die sonst das zweite Fahrgeschäft der Familie begleitet und den „Mr. Gravity" Mittelbau zieht.

Die jüngste Zugmaschine der Schaustellerbetriebe Köhrmann ist diese TGX 33.480 XLX (6x4). Die Sattelzugmaschine, die beim Vorbesitzer mit einem Ballastauflieger zur Mobilkranbegleitung eingesetzt und mit erstaunlich wenig Laufleistung abgegeben wurde, bekam mit einer Twistlock-Traverse sowie einer Anhängerkupplung die notwendigen Anbauteile für den Einsatz und mit den passenden Farben sowie einigen Quadratmetern an Riffelblech den typischen Köhrmann-Look. Die Ballastpritsche, die vorne mittels Twistlock sowie zusätzlich über die Sattelplatte gesichert ist, wurde baugleich mit den anderen Wechselaufbauten in der eigenen Werkstatt gefertigt. Neben der Funktion als Ballast, sind bei dieser Pritschenbrücke zudem Deko-Elemente des „Escape" verladen. Die mit den Gondeln des Fahrgeschäfts beladene dreiachsige offene Rolle entstand ebenfalls im Eigenbau. Ein Sattelauflieger mit Pritschenaufbau des Herstellers Meusburger bildete die Basis zum Umbau.

Der Schaustellerbetrieb Markmann setzt bei der dreiachsigen Zugmaschine, die hauptsächlich vor den Mittelbauwagen der beiden Schwarzkopf Monster III Fahrgeschäften „Octopussy" und „Die Krake" eingesetzt wird, ebenfalls auf das schwere 33 Tonnen Fahrgestell. Die MAN TGX 33.540 XLX (6x4) wurde am Heck mit einer Schwerlasttraverse sowie zwei Anhängerkupplungen mit 40 und 50 mm Bolzendurchmesser ausgestattet.

Mit einem Teil der Achterbahnschienen von Max Eberhards „Wilde Maus XXL" ist die hier abgebildete offene Rolle beladen. Als Zugfahrzeug des bei Eberhard schlicht als Schienenwagen bezeichneten und von drei auf vier Achsten umgebauten Plattformanhängers des Herstellers Mack aus Waldkirch wird häufig diese MAN TGX 26.480 XL (6x4) eingesetzt, die auf der absetzbaren Pritschenbrücke noch einen Technikcontainer sowie Boxen mit Unterpallungsholz transportiert. Dieses Fahrzeug verfügt über die robuste Bau- bzw. Schwerlaststoßstange aus Stahl sowie die offene untere Trittstufe, den sogenannten Baueinstieg.

Wenn man mit dem Schausteller Philipp Steffen über das Thema Zugmaschine redet, dann merkt man direkt, dass es ihm nicht nur darum geht, mit dem Geschäft von A nach B zu kommen. Beim Blick auf seine TGX 26.540 XXL (6x4), die er im sogenannten „Old School"-Style von außen mit allerlei Zubehör und geschickter Hand an der Lackierpistole sowie mit gestepptem Leder im Fahrerhaus richtig chic gemacht hat, sieht man den Hang zum Truck Styling recht deutlich.

Der am Heck montierte Palfinger PK 19000 in der Ausführung C, also mit vier hydraulischen Ausschüben, hebt bei 12,10 Metern noch 1.150 kg an Last. Über zwei mechanische Schiebestücke kann die gestreckte Reichweite auf 16,70 Meter erweitert werden, wobei die Last dann maximal 720 kg betragen darf. Das erweist sich als völlig ausreichend für die Montage der Großverlosung „Glücksfee", die von der Firma Marco Pfaff, Bad Lausick in Sachsen, gebaut wurde.

Optisch ebenfalls ein Hingucker ist der Fuhrpark des Bielefelder Schaustellers Ewald Schneider, der in den vergangenen Jahren immer wieder mit neuen Freifallattraktionen für Nervenkitzel auf den Festplätzen sorgte. Diese TGX 33.540 XL (6x4) wurde beim Fahrzeugbau Kaiser in Ascheberg mit dem Palfinger PK 53002-SH F Ladekran sowie dem formschönen Pritschenaufbau auf den Kirmesalltag vorbereitet.

An der Stirnwand des Aufbaus können die notwendigen Anschlagmittel für die Kranarbeiten hängend gelagert sortiert und gegen Diebstahl gesichert werden. Im oberen Bereich fand sich Platz für einen Signalbalken und Arbeitsscheinwerfer. Der kräftige Ladekran am Heck ist mit einem, bei dieser Leistungsklasse typischen Endlosschwenkwerk sowie einer Hubwinde ausgerüstet. Die Sechspunktabstützung über zwei zusätzliche Stützen am Heck ermöglicht ein Arbeiten nach hinten und vergrößert den Lastradius. Mit sieben hydraulischen Ausschüben der Version F kann ein Gewicht von 1.940 kg bei einer gestreckten Länge von 19 Metern bewegt werden.

Auch bei dieser TGX 33.640 XLX (6x4) wurde der Ascheberger Aufbauspezialist Kaiser vom Schaustellerbetrieb Schneider mit den Um- und Aufbauten am Fahrzeug sowie der Montage des Ladekrans beauftragt. Entsprechend dem Einsatzzweck als Sattelzugmaschine, wurde der Kran hier allerdings direkt hinter dem Fahrerhaus platziert.

Die hier verwendete Version G des ansonsten identisch ausgestatteten PK 53002-SH besitzt einen Ausschub mehr und hat damit eine gestreckte Reichweite von knapp 21 Metern. Die Hubkraft beträgt dort dann noch 1.580 kg. Durch die mittige Montage bietet eine Vierpunktabstützung bei dieser Zugmaschine aber ausreichend Standsicherheit, auch über das Heck. Arbeitsscheinwerfer, Anschlagmittel und zusätzlich noch die Anschlüsse der Versorgungsleitungen zum Auflieger wurden auch hier, geordnet in einer Stirnwand hinter dem Kran, untergebracht. Selbstverständlich kann das Fahrzeug auch im Anhängerbetrieb eingesetzt werden, denn neben der verstellbaren Sattelplatte wurde auch eine Anhängerkupplung am Heck sowie eine Twistlocktraverse für die Aufnahme von Containern oder Wechselpritschen mitgeordert.

Diese TGX 26.540 XLX (6x4) wird bei Familie Schneider mit Ballastpritsche vor Anhängern oder, wie hier zu sehen, als Sattelzugmaschine für die anfallenden Transportaufgaben eingesetzt. Der teleskopierbare Goldhofer Semiauflieger ist mit dem zweiten der insgesamt vier Turmschüsse des Freifallturms „Power Tower 2" beladen. Dieser, von der Stahlbaufirma Maurer & Söhne hergestellte Freifallturm hatte eine Höhe von 66 Metern und wurde von 2002 bis 2018 betrieben. Im Jahre 2019 wurde das hervorragend präsentierte und vielfach als Flaggschiff der „Vertikalfahrten" beschriebene Fahrgeschäft an das weltweit agierende Freizeitunternehmen Mellors Group (GB) verkauft und in die Golfstaaten verbracht.

MAN TGX 26.480 XLX (6x4) des Schaustellerbetriebs Thomas Weber aus Herford. Heckmontiert wird auf dieser Zugmaschine ein HIAB XS 211 Hi Duo Ladekran für die anfallenden Montagearbeiten eingesetzt. In der Version EP-5 wird mit den fünf hydraulischen Ausschüben eine gestreckte Ausladung von 15 Metern und noch 1.020 kg Tragkraft erreicht. Angehängt ist der Mittelbauwagen des KMG (NL) Hochfahrgeschäfts „Inversion", das bei Weber von 2008 bis 2015 unter dem Namen „Flash" betrieben wurde. Die Komponenten des vierachsigen Fahrgestells wurden auch bei diesem KMG Produkt von Esve Special Trailers BV aus Lichtenvoorde zugeliefert.

Im Fuhrpark des Circus Krone wird neben einer großen Anzahl von zweiachsigen MAN TGX Zugmaschinen auch diese dreiachsige TGX 33.540 XXL (6x4) eingesetzt. Der aufgesattelte Goldhofer Semitieflader, der bei diesem Foto in austeleskopiertem Zustand und beladen mit den Fußböden des Elefanten-Stallzeltes sowie dem Sanderson TL 7 Teles-koplader gezeigt wird, dient hauptsächlich zum Transport der Arbeitsgeräte wie z.B. den schweren Traktoren.

Den mächtigen Mittelbauauflieger des „Apollo 13" genannten Fabbri (I) Booster Maxxx 55/16 von Sebastian Küchenmeister konnte ich im Jahre 2022 und kurz vor dem Verkauf ins Ausland noch zwischengeparkt am Fahrbahnrand ablichten. Als Zugmaschine diente an diesem Tag die blaue TGX 26.540 XXL (6x4), die vor der Übernahme des Schaustellers aus Dortmund, als Sattelzugmaschine beim Schwertransportunternehmen Meyer Koldingen im Einsatz war. Das dürfte die/der eine oder andere Leserin/Leser aber bestimmt schon am Design erkannt haben.

Am selben Tag entstand dann auch diese Aufnahme, die den Transportauflieger des „Apollo 13" Gondelarms hinter der silbernen TGX 26.540 XXL (6x4) zeigt, die ebenfalls mal bei Meyer Koldingen beheimatet war und zwischenzeitlich umlackiert wurde. Mit ein paar Eckdaten komme ich aber nochmal zurück zum Fahrgeschäft, dem Propeller Booster Maxxx. Die jeweils am Ende des mittig angetriebenen Arms angebrachten freischwingenden Loopinggondeln bieten Platz für insgesamt 16 Fahrgäste. Der am stehenden Turm rotierende Gondelarm erreicht eine Flughöhe von 55 Metern und die Mitfahrer erleben Beschleunigungskräfte von ca. 4g.

Der gemeinsam mit dem Baumaschinenhersteller Liebherr entwickelte 16,2 Liter V8-Common-Rail-Dieselmotor D2668 ersetzte ab 2007 bei der zweiten „Trucknology" Baureihe den kräftigen V 10 Motor, der die TGA Serie mit 660 PS leistungstechnisch für Schwertransporte tauglich machte, aber weder die Abgasnorm Euro 4 bzw. Euro 5 erfüllte. Beim TGX wurde die Leistungsspitze von nun 680 PS Motorleistung sowie einem maximalen Drehmoment von 3000 Nm bei 1100-1500 U/min sogar für Serienlastwagen freigegeben und brachte dem Hersteller kurzfristig den Titel des „stärksten Serien-LKW" ein. Mit Einführung der Abgasnorm Euro 6 war dann aber auch das Ende des V8 Motors in LKW der Marke MAN besiegelt. Nach sieben Jahren Bauzeit wurde der Verkauf 2014 eingestellt. Das Magdeburger Schaustellerunternehmen der Gebrüder Hendrik und Stefan Boos besitzt aber noch eine TGX 33.680 XXL (6x4), die vor den Anhängern mit aufgesattelter Ballastbrücke oder als Sattelzugmaschine mit den Aufliegern der zahlreichen Fahrgeschäfte des Unternehmens eingesetzt wird. Im Jahre 2015 konnte ich den V8 Exoten zusammen mit einem der Mittelbauwagen der „Monster" genannten KMG XXL-Schaukel ablichten.

Auch bei den Gebrüdern Boos konnte man von 2016 bis 2021 in den freischwingenden Looping-Gondeln ausprobieren, wie bis zu 4g Beschleunigungskraft auf den Körper wirkt. Der bei Boos „V-Maxx" genannte Propeller des italienischen Herstellers Fabbri, übrigens baugleich mit dem „Apollo 13", bot ebenfalls den speziellen Fahrspaß für hartgesottene Festplatzbesucher. Für den Transport des zusammengelegten Gondelauslegers, auch Dreharm genannt, wurde wie bei den anderen „Booster-Maxxx 55/16" Reiseanlagen der dreiachsige Sattelauflieger genutzt, der während des Spielbetriebs fest in das Fahrgeschäft integriert wird. Hinter dem Fahrerhaus der abgebildeten und mittlerweile an anderen Fahrgeschäften eingesetzten TGX 26.480 XXL (6x4) Euro 6 Zugmaschine ist ein Palfinger PK 53002-SH G montiert, der über acht hydraulische Ausschübe, Endlosschwenkwerk, Hubwinde und Vierpunktabstützung verfügt. Bei gestrecktem Ausleger und einer Reichweite von 20, 8 Metern hebt der Kran ein Lastgewicht von 1.580 kg. Ein interessantes Detail an dieser Zugmaschine findet man am Heck, hier ist neben der Maulkupplung auch eine Kugelkopfkupplung vorhanden.

Im Mai 2022 übernahm Louis Oberschelp, für Transport und Montage des „High Impress", diese interessante MAN TGX 33.680 (6x4) Sattelzugmaschine, die im Jahre 2008 an ein landwirtschaftliches Lohnunternehmen in Österreich geliefert wurde. Dort wurde beim HIAB-Vertragspartner Berger ein XS 322 EP-2 HiDuo Ladekran mit zwei hydraulischen Ausschüben und einer Vierpunktabstützung montiert. Für Einsätze als Zugfahrzeug von Anhängern wurde beim Fahrzeugbau Weinknecht zusätzlich noch eine absetzbare Ballastpritsche angefertigt. Nach dem Auslandsgastspiel und vor der Übernahme von Louis Oberschelp wurde die Zugmaschine, die mit dem 680 PS leistenden 16,2 Liter Doppelturbo V8 Motor ausgerüstet ist, von einem Unternehmen im Altenburger Land eingesetzt, das sich unter anderem auf die Montage von mobilen Leitplanken spezialisiert hat.

Hier war beim Ladekran allerdings eine größere Reichweite gefordert und der Knickarm mit ursprünglich 8,2 Metern Reichweite wurde mit drei zusätzlichen hydraulischen Ausschüben zur Version EP-5 mit 15 Metern gestreckter Auslage aufgerüstet. Voll ausgeschoben kann dann eine Last von 1.620 kg bewegt werden, was sich für die Arbeiten beim jetzigen Besitzer schon durchaus bewährt hat. Zeitaufwändige Rangierarbeit zum genauen Positionieren des Krans am Fahrgeschäft kann durch diese Leistungsdaten in den meisten Fällen entfallen.

Während der laufenden Saison wurde die Zugmaschine in den Firmenfarben der Schaustellerfamilie Oberschelp neu lackiert. Mit der von Schmidt-Ründeroth gebauten offenen Rolle des „High Impress" im Schlepp steht der Kraftprotz abfahrbereit am Straßenrand.

Vor schweren Anhängern, wie dem Skyfall Mittelbau, setzt der Münchner Schausteller Michael Goetzke diese TGX 26.540 XXL (6x4) ein. Die abnehmbare Ballastpritsche stammt noch vom Vorgängerfahrzeug, einer MAN 26.502 der F90 Baureihe.

Neben dem Schaustellerbetrieb betreibt Peter Barth aus Euskirchen zusammen mit seinem gleichnamigen Sohn das Unternehmen BSH, das sich auf Montagearbeiten, Kranvermietung und Bergedienst spezialisiert hat. Für den Ballasttransport der Autokrane wird ein zweiachsiger Sattelteiflader des Herstellers Fliegl genutzt, der über Heckrampen verfügt und somit zusätzlich auch für anfallende Transportaufträge eingesetzt werden kann. Die Zugmaschine, eine TGX 26.580 XLX (6x2), wurde mit einer Anhängerkupplung und Anschlüssen für den Anhängerzugbetrieb vorbereitet. Oberhalb der Abgasanlage kann man die Twistlocktraverse erkennen, die zur Aufnahme einer Ballastbrücke vorgesehen ist.

Dreiachs – Zugmaschinen von Mercedes-Benz

Bis in das Jahr 2012 wurde diese Mercedes LPS 2032 6x2/4 vom Schausteller Karl Römer aus Springe eingesetzt, ehe sie von einem Nutzfahrzeugsammler übernommen und im Zuge einer aufwändigen Komplettrestauration, in den Ursprungs-zustand als Sattelzugmaschine zurückgebaut wurde. Bei Karl Römer war hinter dem Plattformaufbau ein Atlas AK 4006 Ladekran montiert.

Wie sich das Aussehen eines Fahrzeugs über die Jahre wandeln kann, möchte ich am Beispiel der NG 2032 (6x2/4) des Bremer Schaustellers Friedrich Trumpf zeigen. Als dieses Foto gegen Ende der 1980er Jahre entstand, war die Zugmaschine noch weitestgehend im originalen Zustand unterwegs: Mit Goldbronze lackierte Mercedes Radkappen, Bordwände der Ballastpritsche und Teilflächen am Fahrerhaus, – eben ein typischer Vertreter einer Schaustellerzugmaschine der 1980er Jahre.

Zum Zeitpunkt dieser Aufnahme im Jahre 2012, also etwas über 20 Jahre später, war die Zugmaschine nur noch mit geübtem Blick als NG Baureihe zu erkennen. Das Fahrerhaus wurde zwischenzeitlich mit neuen Anbauteilen auf die Optik der jüngeren SK Baureihe umgebaut und aufwändig umlackiert. Obwohl die 32er auch nach diesem Umbau technisch wie optisch in einem absolut einwandfreien Zustand war, kann ich mich bis zum heutigen Tage nicht mit diesem „Facelift" anfreunden.

Anfang der 1990er Jahre konnte ich diese NG 2632 (6x4) des Schaustellers Konrad Ruppert aus Bad Wildungen ablichten. Der am Heck montierte Langarm-Kran von Atlas verfügte über einen Hochsitz als Bedienstand sowie eine Vierpunktabstützung und wurde seinerzeit beim Auf- und Abbau des Fahrgeschäfts „Fliegender Teppich" aus dem Hause Zierer eingesetzt.

Auch im Fuhrpark der Schaustellerfamilie Oscar Bruch wurde noch bis in die 2000er Jahre eine NG 2632 (6x4) eingesetzt. Der heckmontierte MKG-Hoes Ladekran war bei diesem Fahrzeug zusätzlich zur Vierpunktabstützung mit einer hydraulischen Hubwinde ausgestattet.

Diese NG 2244 LS (6x2/4), war zunächst beim Schaustellerbetrieb Ahrend aus Eldagsen beheimatet und wurde später beim „Top-Drive" Autoskooter der Schaustellerfamilie von Halle eingesetzt. Der Abgasanlage unter der Frontstoßstange nach zu urteilen wurde das, als Sattelzugmaschine ausgelieferte Fahrzeug beim Erstbesitzer aber vermutlich im Gefahrguttransport eingesetzt. Die fest aufgebaute Ballastpritsche erhielt die Zugmaschine, die dazu über das geräumige Großraumfahrerhaus verfügte, schon in den Werkstätten von Lothar und Mike Ahrend. Angehängt ist bei dieser Abbildung noch der von Stork aus Soest gebaute Chaisenwagen, der zusammen mit dem Kassenwagen durch einen kombinierten Kassen-Chaisenwagen abgelöst wurde.

Als der Münchner Schausteller Eugen Distel im Jahre 1985 mit dem Flugkarussell „Ikarus" die ersten Festplätze anfuhr, war diese NG 2644 (6x4) noch ohne Kran unterwegs und wurde hauptsächlich vor dem schweren fünfachsigen Mittelbauwagen des Huss Klassikers eingesetzt. Nach einiger Zeit wurde dann dieser mächtige Palfinger PK 45000 C auf das Fahrzeugheck aufgebaut, um fortan das Fahrzeug auch für die anfallenden Montagearbeiten einsetzen zu können. Bei dieser Abbildung fallen sofort die zwei vorhandenen Anhängekupplungen mit 40 und 50 mm Bolzendurchmesser, die dahinterliegende Schwerlast-Rahmentraverse sowie das zeitgenössische Schild eines eingebauten Voith Retarders auf.

Im Jahr 2022, mittlerweile hat Eugen Distel von Fahr- auf ein Laufgeschäft umgesattelt, war die Zugmaschine, optisch ein wenig verändert aber immer noch aktiv im Einsatz. Der eingesetzte PK 45000 verfügt über vier hydraulische und drei mechanische Ausschübe, eine Hubwinde für zeitsparenden Seilbetrieb sowie in dieser Leistungsklasse typisch das Endlosschwenkwerk und eine Vierpunktabstützung.

Bei Hans-Otto Schäfer aus Schwerte sorgt aktuell ebenfalls noch eine NG 2644 (6x4) Zugmaschine mit aufgebautem Palfinger PK 45000 C für eine reibungslose Montage der Fahrgeschäfte. Für den Fall, dass die Reichweite der vier hydraulischen Ausschübe von 12,20 Metern nicht ausreicht – hier stemmt der Kran mächtige 3.370 kg – steht noch ein Fly-Jib zur Verfügung. Dann stehen über vier hydraulische Schubarme zusätzlich 9,4 Meter an Arbeitsbereich und 1.150 kg Hubkraft zur Verfügung.

Vom NG über die SK-Baureihe bis zum Actros, bei Siegfried Kaiser aus München waren und sind Dreiachs-Zugmaschinen von Mercedes-Benz immer mit auf Tour. Diese SK 2448 (6x4) stand zum Zeitpunkt der Aufnahme im Jahre 2003, dem Premierejahr des „High Energy", abfahrbereit vor dem Mittelbauwagen des Zierer Hochfahrgeschäfts. Der auf dem Heck montierte HIAB 290, der bei 7,7 Meter gestreckter Auslage noch 3.520 kg Last hob, war ebenfalls mit einem Fly-Jib ausgerüstet, um die Reichweite zu steigern.

Auch bei dieser dreiachsigen Mercedes SK Zugmaschine, des Münchener Schaustellers Egon Kaiser,handelt es sich um eine 2448 (6x4). Mit dem aufgebauten Palfinger PK 40002-EH in der Ausführung E mit sechs hydraulischen Ausschüben schafft es der Kran, ein Gewicht von 1.780 kg bei 16,30 Metern gestreckter Reichweite anzuheben. Zusätzlich zur Vierpunktabstützung steht eine hydraulische Hubwinde zur Verfügung, deren Seil zweisträngig mit der Unterflasche verbunden ist. Diese Ausrüstung mit schnellem senkrechten Hub und flotten Bewegungsabläufen ist besonders bei der Montage der 90° Turmschussbauteile des „Bayern Tower" von Vorteil, denn hier wird der Ladekran parallel zum vorhandenen Liebherr LTF Aufbaukran eingesetzt. Der vom Besitzer als „höchster Maibaum der Welt" beworbene Freifallturm stammt vom österreichischen Hersteller Funtime und misst eine Gesamthöhe von 90 Metern.

Von 1989 bis 2004 war Michael Völlmecke mit einem Huss Magic auf der Reise. Zum Ziehen des Mittelbauwagens und für die Kranarbeiten, setzte der Münsteraner Schausteller diese SK 2650 (6x4) ein. Beim Ladekran wird auch vom jetzigen Eigentümer der SK , dem Schausteller Robert Rasch, noch auf den Palfinger PK 45000 in der Ausführung C mit vier hydraulischen Schubstücken gesetzt. Ob Robert Rasch aber zum Rangieren noch die recht unhandliche Rockinger Schwerlastkupplung nutzt, die über eine massive Stahlplatte mit dem originalen Koppelmaul des vorderen Querträgers verbunden wurde, kann ich nicht beantworten.

Der allseits bekannte Slogan „The Show must go on" auf der Sonnenblende von Marc Schmidts SK 2650 (6x4), kann eigentlich zutreffender nicht sein, wenn sich dieses Gespann in Bewegung setzt. Der Mittelbauwagen des 1996 bei Sorani und Moser in Italien gebauten Fahrgeschäfts „Transformer" gehört schließlich zu den schwersten Anhängern seiner Art.

Da Marc Schmidt für die Montage des Überkopffahrgeschäftes zusätzlich noch einiges an „Eisen" bewegen muss, fiel die Wahl beim Ladekran auf den kräftigen HIAB 520-5 mit fünf hydraulischen Ausschüben und einer Reichweite, die der Hersteller mit 13,50 Metern angibt. Beim Einsatz wird die Hydraulik des mit Vierpunktabstützung und Endlosschwenkwerk ausgerüsteten Ladekrans über ein separates Dieselaggregat, das zwischen Fahrerhaus und Ladefläche zu sehen ist, angetrieben. So wird Kraftstoff des V8 LKW-Motors gespart und Verschleiß verringert. Obligatorisch bei den zu ziehenden Gewichten ist eine zweite Anhängerkupplung in Schwerlastausführung mit 50 mm Bolzendurchmesser.

Da bei der Montage des Flugkarussells „Evolution" eigentlich nichts ohne Kran lief, für Auf- und Abbau der Hauptkomponenten war sogar ein 400 t Autokran notwendig, wurde für den eigenen Fuhrpark von Schausteller Max Eberhard zusätzlich diese SK 2648 (6x4) mit einem HIAB 450 Ladekran angeschafft. Die Zugmaschine ist auch aktuell noch im Besitz der Firma Eberhard bzw. RCS und wurde erst kürzlich optisch wie technisch komplett überarbeitet. Wie auf diesem Foto erkennbar, wurde der Kran schon beim Kauf mit einem Fly-Jib ausgeliefert.

Diese Mercedes-Benz SK 2650 (6x4) ist hauptsächlich beim Mondial (NL) Hochfahrgeschäft „Skater" im Einsatz, das von der Schaustellerfamilie Kaiser bereits seit 1997 erfolgreich betrieben wird. Da bei der Montage des, beim Hersteller als „Top Scan" angebotenen Karussells sehr schwere Bauteile bewegt werden müssen, ist der Palfinger PK 52000 am Heck nicht unbedingt überdimensioniert. Laut Herstellerangaben stemmt der Kran in der eingesetzten Variante D mit fünf hydraulischen Ausschüben noch 3.090 kg Last bei 14,50 gestreckter Auslage. Links neben der am Hauptarm montierten hydraulischen Hubwinde ist noch der Fahrstand für den Bediener erkennbar, der in Zeiten der Funkfernbedienung aber in den meisten Fällen unbesetzt bleibt. Endlosschwenkwerk und Vierpunktabstützung am Kran sind leistungstypisch vorhanden. Die beiden Anhängerkupplungen stellen sicher, dass über die oben montierte Version auch schwere Anhänger mit 50 mm Zugösendurchmesser gezogen werden können.

Das Flaggschiff vom Zeltbetrieb Lütticke aus Drolshagen ist zweifelsfrei diese allradgetriebene SK 2644 AK (6x6), die mit einem Atlas AK 180.1 Ladekran ausgerüstet wurde. Die aufgebaute Kranversion AK 180.1 12,4/4 verfügt dabei über vier hydraulische Ausschübe mit einer Reichweite von 12,40 Metern. Hier hebt der Kran dann noch ein Lastgewicht von 1.160 kg. Mittels zwei vorhandener mechanischer Schubstücke kann der Arbeitsbereich noch auf 16,30 Meter verlängert werden, wobei das Lastgewicht dann auf 730 kg reduziert wird. Der Anhänger für die Schwerlastböden war beim Vorbesitzer, einem Spezialtransportunternehmen, ursprünglich teleskopierbar, ist jetzt aber auf die Länge der Böden fest eingestellt.

Um den vierachsigen Mittelbauwagen des „Bee Bop Drive" Autoskooters aufsatteln und gesetzeskonform fahren zu können, ist eine sogenannte Lowliner Zugmaschine mit der entsprechenden Sattellast erforderlich. Da dreiachsige Sattelzugmaschinen in spezieller Low-Deck Ausführung aber auch auf dem Gebrauchtfahrzeugmarkt nicht immer verfügbar sind, wurde beim Schaustellerbetrieb FTE-Ahrend kurzum in die Trick- bzw. in die Werkzeugkiste gegriffen. So entstand aus einer zweiachsigen SK 1850 (4x2) Lowliner-Sattelzugmaschine, unter Verwendung einer geeigneten Vorlaufachse, diese 6x2/2 Version. Dieses optisch sehr ansprechende Gespann kann man, gerade auf norddeutschen Festplätzen, immer noch bewundern.

Vor dem Speichenwagen des „Roue Parisienne" Riesenrads der Dortmunder Schaustellerbetriebe Burghard-Kleuser wird hauptsächlich diese Actros 2548 LS (6x2/4) der ersten Bauserie eingesetzt. Das 48 Meter hohe Riesenrad des niederländischen Herstellers Mondial besteht aus zwei Bock- und dem hier gezeigten Speichenwagen, die in das Geschäft eingebaut werden. Da für das Riesenrad offene und geschlossene Gondeln zur Verfügung stehen, werden zusätzlich zwei Gondelwagen mitgeführt. Die Fahrzeugkomponenten der drei in das Riesenrad eingebauten Auflieger stammen von Dercks Aanhangwagen aus Wijchen (NL).

Jörg Grünberg aus Neukirchen betreibt zusammen mit seiner Frau Tanja unter der Firmierung Freizeittechnologie Grünberg – Kaiser gleich zwei Huss Breakdance No. 1. Für die Kranarbeiten wird der kräftige, auf der Actros 2546 6x2/4 LH Megaspace montierte Palfinger PK 36002 in der Ausführung E genutzt. Der Kran hat mit sechs hydraulischen Ausschüben eine Hubkraft von 1.550 kg bei 16 Metern Reichweite. Zwei manuelle Schubstücke ergänzen den mit Endlosschwenkwerk, Hubwinde und Vierpunktabstützung ausgerüsteten Ladekran.

Auch im Fuhrpark der Schaustellerfamilie Oscar Bruch wurde und wird noch auf den Mercedes-Benz Actros der ersten Generation gesetzt, wie die folgenden Beispiele zeigen. Die 2648 LS (6x4) Sattelzugmaschine transportiert auf dem Goldhofer Satteltieflader den Unimog U 1500, der zu Zeiten der Bahnverladung die Rangierarbeiten an der Bahnrampe übernommen hat.

Der auf der NG 2632 montierte MKG Hoes Ladekran wurde nach einer Revision auf diese Actros 2653 (6x4) umgesetzt und wird so weiterhin genutzt.

Zum Fuhrpark der Familie Barth gehört auch diese Actros 2657 LS (6x4) mit L-Fahrerhaus der ersten Generation. Hier mit einem Standard Containerchassis und geschultertem Schienencontainer des „Olympia Loopings". Die Zugmaschine wird mit Ballastbrücke auch im Anhängerbetrieb eingesetzt.

Die Familie Ruppert aus Bad Wildungen betreibt seit 1996 das Huss Rund-, Hochfahrgeschäft „Take Off", das 1993 noch unter Willi Kipp auf den Festplätzen präsentiert wurde. Der jetzige Betreiber Sebastian Ruppert setzt für die Montage des Fahrgeschäfts einen mächtigen Fassi Ladekran ein, der auf dem Heck dieser Mercedes-Benz Actros 2653 LS (6x4) montiert wurde. Besonderheit beim Fassi F 340.33 sind die zwei vorhandenen Knickarme. Die hydraulische Hubwinde, deren Seil zweisträngig über die Hakenflasche geführt wird, ist dabei am ersten Knickarm befestigt. Zusammen mit den drei hydraulischen Ausschüben des zweiten Knickarms erreicht der Kran eine gestreckte Reichweite von 11,81 Metern. Hier kann noch ein Gewicht von 2.300 kg gehoben werden. Endlosschwenkwerk und Vierpunktabstützung sind obligatorisch für diese Leistungsklasse.

Um den Ladekran und den Plattformaufbau eines vorher eingesetzten Scania 112 M LKW weiterverwenden zu können, musste zunächst das Fahrgestell der bisher vor den Mittelbauwagen eingesetzten Actros 2657 LS (6x4) Sattelzugmaschine angepasst und verlängert werden. Ein relativ aufwändiger Umbau also, der es aber weiterhin ermöglicht, die Radnarbe des „Roue Parisienne" Riesenrads der Familie Burghard-Kleuser gemeinsam mit den Paletten für Unterpallungsmaterial zu transportieren. Der heckmontierte Fassi F 460 hebt bei 16,45 Meter gestreckter Auslage noch 2.010 kg Last. Zur Ausstattung gehört neben einem Endlosschwenkwerk, der Hubwinde sowie der Vierpunktabstützung auch noch der selten gewordene Bedienstand mit Hochsitz an der Kransäule.

Der Schausteller Enrico Sperlich aus Elster an der Elbe reist mit seiner Familie ebenfalls mit einem Riesenrad quer durch die Republik. Das von Technical Park (I) gebaute 28 Meter hohe „Wheel of Circus" basiert auf drei Transporten. Der vordere Anhänger, der während des Spielbetriebs als Kassen- und Eingangsbereich dient, ist beim Transport mit den Gondelunterteilen, dem vorderen Radkranz und weiterem Zubehör beladen. Auf dem hinteren Anhänger, der als Ausgangsbereich dient, ist die Rückwand fest montiert und beim Umsetzen des Fahrgeschäfts sind die Gondeloberteile und der hintere Radkranz verladen. Die Mitte bildet dieser Sattelauflieger, der von einer Actros 2657 LS (6x4) gezogen wird. Auf diesem Wagen lagern beim Transport die kompletten Böcke mit der Radnabe sowie die Speichen. In dem, mit einer Plane verschlossenen Aufbau hinter dem Fahrerhaus der Zugmaschine, wird das Unterpallungsmaterial untergebracht.

Das Gewicht des HIAB 550-6 gibt der Hersteller mit 5.535 kg in der Standardausführung an. Kein Wunder also, dass der mächtige Ladekran genau über den Hinterachsen der mit einem M-Fahrerhaus ausgestatteten und allradgetriebenen Actros 3348 AK (6x6) montiert wurde. Die vom Schaustellerbetrieb Mondorf aus Oldenburg für die Montage des Huss „Breakdance 1" genutzte Ausführung mit sechs hydraulischen Schiebestücken, die bei 15,40 Meter noch 2.900 kg Last bewegt, ist meines Wissens auch die größte Variante dieses Krantyps. Neben der Vierpunktabstützung sowie der Hubwinde stehen zur Reichweitenvergrößerung auf etwas über 23 Meter noch vier manuelle Schiebestücke zur Verfügung.

„Und ab geht die wilde Fahrt!". Die Transporte des Hochfahrgeschäfts „High Energy" verlassen Bonn-Pützchen, allen voran das Gespann mit dem Mittelbauwagen. Bei der dreiachsigen V8 Actros Zugmaschine handelt es sich trotz des MP 2 Kühlergrills am L Fahrerhaus noch um ein Modell der ersten Bauserie, gut zu erkennen an den seitlichen Windabweisern mit schmalen Rippen. Der heckmontierte Ladekran, ein Palfinger PK 54000 G mit acht hydraulischen Ausschüben sowie kompletter, leistungstypischer Ausstattung, hat eine gestreckte Auslage von 20,40 Metern und hebt dort noch 1.640 kg Last.

Der niederländische Schausteller Marcel de Voer ist mit dem 60 Meter hohen Kettenflieger „Around the World" auf der Reise. Insgesamt wurden drei Anlagen dieses Typs von dem Schaustellerkollegen Jean van der Beek (NL) in Eigenleistung gebaut und zunächst auch parallel im eigenen Unternehmen betrieben. Für die Montage wird bei de Voer seit 2021 diese Actros MP2 2550 LS (6x2/4 NLA) Sattelzugmaschine mit Nachlauf Lenk-Liftachse eingesetzt. Der HIAB 330-5 erreicht mit den fünf hydraulischen Ausschüben eine Reichweite von 13,20 Metern und hebt dort dann noch 2.000 kg.

Links: Jean van der Beek selbst reist mittlerweile mit einem 80 Meter Kettenflieger des Herstellers Funtime aus Österreich. Die an den Schweizer Schausteller H.P. Maier als „Condor" ausgelieferte Anlage wird bei van der Beek als „Around the World XXL" betrieben. Für die Kranarbeiten wird ein Fassi F 600 XP genutzt, der auf dieser Actros MP2 2648 LS (6x4) Sattelzugmaschine montiert ist.
Rechts: Der Blick von hinten gibt die Sicht auf den kräftigen Fassi Ladekran frei, der mit Fly-Jib, Endlosschwenkwerk und Hubwinde ausgestattet ist. Mit Jib erreicht der Kran eine Reichweite von 25,55 Metern und hebt dort noch ein Lastgewicht von 750 kg. Angepasste Riffelblechkotflügel, die vielen Staukisten sowie die optisch gelungene Hecktraverse mit dem hinteren Stützenpaar deuten sofort auf einen Erstbesitzer aus Dänemark.

Dennis Ruppert aus Bad Wildungen betreibt mit seiner in Italien bei SBF Visa gebauten und werkseitig als „Dance Party" angebotenen Anlage den letzten reisenden „Frisbee" in Deutschland. Im Vergleich zu den mittlerweile von den Festplätzen leider verschwundenen und gleichnamigen Huss Schaukeln wird das sehr kompakte Hochfahrgeschäft auf zwei Transporten transportiert. Neben einem Kofferauflieger, der als Pack- und Rückwandwagen dient, wird dieser Mittelbauauflieger mitgeführt. Auf dem Mittelbau findet man neben den Böcken auch den Pendelarm sowie die Gondel mit den Antriebseinheiten. Als Zugmaschine für beide Auflieger wird von Dennis Ruppert diese Actros MP2 2655 LS (6x4) eingesetzt.

Die beiden Niederländer Joep Hoefnagels und Toni Denies verbindet nicht nur eine verwandtschaftliche Beziehung, auch geschäftlich sorgt eine Kooperation beider Schaustellerbetriebe für Bewegung auf den Festplätzen. Diese Actros MP2 2551 LS (6x2/4) Megaspace pendelt zwischen den einzelnen Attraktionen und kann sowohl mit einem Wechselkoffer im Anhängerzugbetrieb oder als Sattelzugmaschine eingesetzt werden. Der unten abgebildete Auflieger, gehört zur 65 Meter hohen Überkopfschaukel „Infinity". Er ist mit dem Pendelarm beladen und beim Spielbetrieb zusammen mit drei weiteren Aufliegern in die Grundfläche des Fahrgeschäfts integriert. Hier fungiert die Plattform des Wagens als Hubboden, der den Einstieg in die Gondeln ermöglicht. Hersteller der „Inversion XXL" Looping Schaukel ist KMG. Die Fahrzeugkomponenten stammen von Esve Special Trailers BV aus Lichtenvoorde.

Damals noch im alten Farbdesign habe ich 2013 die Mercedes Actros 2546 LS (6x2/4) Megaspace der Schaustellerbetriebe Barth & Kipp aus Euskirchen ablichten können. Die Sattelzugmaschine der Actros MP 2 Baureihe ist hier mit einem der zwei Speichenwagen des 50 Meter hohen und von Nauta Bussink (NL) gebauten „Jupiter Riesenrades" zu sehen. Die beiden teleskopierbaren Plattformauflieger, deren letzten beide Achsen lenkbar sind, stammen von Broshuis.

Ebenfalls mit einem Speichenwagen habe ich im Jahr 2012 die Actros 2660 LS (6x4) Megaspace mit absetzbarer Ballastpritsche des Schaustellerbetriebs Kipp & Sohn aus Euskirchen fotografieren können. Seinerzeit wurden beim 55 Meter hohen „Europa Rad" noch vier offene Rollen von Gloria Fahrzeugbau für die in der Länge geteilten Speichen eingesetzt. Mittlerweile sind diese Dreiachsanhänger aber durch Standard-Plateauauflieger des Herstellers Fliegl abgelöst worden. Logistisch bestimmt klug, da sich die Transporte damit zumindest längentechnisch im genehmigungsfreien Bereich befinden, geht mit diesen standardisierten Aufliegern aber auch wieder ein Stück des klassischen Schaustellertransports verloren.

Bei Hoefnages-Denies & Zn. wird die knapp 600 PS starke Actros 2660 LS Megaspace als MP 3 Version eingesetzt. Als Sattelzugmaschine, z.B. vor dem Mittelbau des bei Fabbri in Italien gebauten „Booster Maxxx-Mega G4" Propellers, der mittlerweile nach Frankreich verkauft wurde, oder im Anhängerzugbetrieb mit einer Wechselbrücke, die in diesem Fall mit dem Technik-Container des „Aeronaut" Kettenfliegers beladen ist, pendelt das Fahrzeug zwischen den Betrieben hin und her.

Welche Leistung im Motor unter dem LH Megaspace Fahrerhaus dieser dreiachsigen Actros MP 3 Zugmaschine steckt, das bleibt leider unbeantwortet. Die xx61 war eigentlich den Actros der Black-Edition vorbehalten, deren 16 Liter großer OM 502 LA V8 Dieselmotor gewaltige 612 PS und ein maximales Drehmoment von 2.700 Nm bei 1.080 U/min entwickelte, dafür aber auch nur der Euro-3 Abgasnorm entsprach. Wie dem auch sei, die schwere Kranmaschine mit der handgefertigten Fahrgestellverkleidung und dem kräftigen, heckmontierten Palfinger PK 66000 G war schon beim Schausteller Charles Blume aus Hude, optisch auf jeden Fall, ein Hingucker. Der angehängte Wohnwagen wurde übrigens von Marco Pfaff Spezialfahrzeugbau aus Bad Lausick auf die drei Achsen gestellt.

Beim aktuellen Besitzer, Christian Keese aus Dassel wurde die Zugmaschine umlackiert und passend ins aktuelle Firmendesign umgestaltet. Die Firma Keese ist im Veranstaltungsservice aktiv und unterhält einen großen Pool an Mietcontainern. Optisch sehr ansprechend und technisch auf hohem Niveau steht, von WC-Anlagen bis zu Büro-Containern nebst allerlei Zubehör, alles zur Verfügung. Laut angebrachtem Typenschild handelt es sich bei dem Kran um das Modell PK 66000 in der Ausführung G, der bei 20,4 Metern gestreckter Auslage über die insgesamt acht hydraulischen Ausschübe immer noch eine Last von 2.050 kg bewegen kann. Um diese Leistung auch über das Heck abrufen zu können, wurde ein zusätzliches drittes Stützenpaar angebaut, welches hydraulisch nach hinten ausgeschoben wird und zusammen mit der massiven Stirnwand des Pritschenaufbaus für einen sicheren Stand sorgt. Natürlich ist auch dieser Kran mit einem Endlosschwenkwerk ausgerüstet.

Diese Actros 2660 LS (6x4) Megaspace wird von Willy Kaiser aus München hauptsächlich vor dem schweren Mittelbauwagen des Überkopffahrgeschäfts „Predator" eingesetzt. Das Karussell ist technisch baugleich mit dem „Transformer". Die im typischen Design des Familienoberhaupts Siegfried Kaiser lackierte Sattelzugmaschine war ursprünglich bei der Spedition Bender aus Freudenberg im Einsatz. Nach der Übernahme wurde der Actros MP3 mit einer Schwerlasttraverse am Heck, zwei Anhängerkupplungen mit 40 und 50 mm Bolzen, sowie einem Twistlockbalken zur Aufnahme von Wechselbrücken ausgestattet.

Beim „Transformer" setzt Marc Schmidt neben der SK als zweite Kranmaschine noch diese Actros MP 3 2660 LS (6x4) ein, die über das hohe L Fahrerhaus in der Baustellenausführung verfügt. Die Bauversion lässt sich leicht an den klappbaren Trittstufen, der Stahlstoßstange und der darunter angeordneten Bugschürze erkennen. Auf dem Heck, hinter der festaufgebauten Pritsche, ist ein Palfinger PK 45000 in der Ausführung D, also mit fünf hydraulischen Schubstücken montiert. Laut Herstellerangaben hebt der Kran noch eine Last von 2.685 kg bei einer Reichweite von 14,50 Metern. Eine elektrische Hydraulikpumpe für den emissionsfreien Kranbetrieb, ein Endlosschwenkwerk sowie eine Hubwinde gehören ebenso zur Ausstattung wie die notwendige Vierpunktabstützung.

Andreas Zinnecker aus Egglkofen hat in seinem metallicblauen Fuhrpark auch schon einige Mercedes Actros eingesetzt. Diese 6x4 Zugmaschine mit dem flachen L Fahrerhaus ist aus der MP 2 Baureihe, allerdings mit den notwendigen Anbauteilen auf die Modellpflege 3 „gefaceliftet". Ob die angebrachte Typenbezeichnung 2658 wirklich die Leistungsdaten wiedergab, kann ich nicht sicher bestätigen. Vor der absetzbaren Ballastpritsche war ein Palfinger PK 54002 D montiert, der bei fünf hydraulischen Ausschüben und einer Reichweite von 13,90 Meter 3.050 kg Last bewegen konnte. Neben der Hubwinde, dem Endlosschwenkwerk und der Vierpunktabstützung standen zwei mechanische Verlängerungen zur Verfügung. Die Aufnahme entstand im Jahr 2014.

Auch bei dieser Actros 2643 LS (6x4) wurde das mittellange L Fahrerhaus einer Modellpflege in Eigenleistung unterzogen. Durch eine handwerklich absolut saubere Arbeit und den konsequenten Austausch aller Bauteile, ist der Umbau aber auch in diesem Fall nur bei genauem Blick zu erkennen. Hinter dem Fahrerhaus ist ein Palfinger PK 66000 E4 mit sechs hydraulischen Ausschüben und einer Reichweite von 15,80 Metern montiert. Bei diesem Ladekran, der zur Erweiterung des Arbeitsbereichs zusätzlich über einen Fly-Jib mit drei hydraulischen Schubstücken verfügt, erfolgt die Bedienung über den Hochsitz an der Kransäule oder per Fernbedienung. Der zweiachsige Plattformauflieger stammt von Strempel Fahrzeugbau und war 2014, zum Zeitpunkt dieser Aufnahme, mit einem Teil der „halben" (90 °) Turmsegmente des „Mega-King-Tower" Freifallturms beladen, mit dem die Familie Zinnecker leider nur knapp ein Jahr auf der Reise war. Die Zugmaschine wurde später noch eine Zeit lang vom Schausteller Remco Kriek am „Gladiator" eingesetzt und stand im Herbst 2022 bei einem Nutzfahrzeughändler in den Niederlanden zum Verkauf.

„The King" heißt die von Andreas Zinnecker betriebene Loopingschaukel aus den Hallen der italienischen Karussellbaufirma Technical Park. Der Mittelbauwagen des als Typ „Loopfighter" gebauten Fahrgeschäfts wird als relativ kompakter dreiachsiger Sattelauflieger realisiert und fällt zumindest längentechnisch nicht aus dem Rahmen. Bei diesem Transport diente eine Actros 6x2/4 Megaspace Sattelzugmaschine als Zugmittel der Wahl. Anhand der vorhandenen Abgasanlage dürfte auch bei diesem Fahrzeug eine optische Verjüngungsmaßnahme durchgeführt worden sein. Handwerklich aber sehr sauber ausgeführt und deshalb optisch ein Hingucker.

Auch diese Actros 2643 6x4 Kranmaschine wurde auf die MP 3 Optik umgebaut. Der Schausteller Rico Rasch aus Groven in Schleswig-Holstein setzt die Zugmaschine bei der „Geisterfabrik" hauptsächlich für die Montagearbeiten mit dem Palfinger Ladekran PK 54000 ein. Laut Herstellerangaben hebt der Kran in der Ausführung D mit fünf hydraulischen Ausschüben und 13,70 Reichweite noch ein Lastgewicht von mächtigen 3.000 kg. An der Kranspitze ist hier zusätzlich noch ein Fly Jib montiert, der mit ebenfalls fünf hydraulischen Ausschüben für die notwendige Vergrößerung des Arbeitsbereiches sorgt. Bei dieser Abbildung ist die Hakenflasche gut zu erkennen, bei der das Seil der Hubwinde über den Rollenkopf geführt wird und damit „zweisträngig" gearbeitet wird. Die Ballastpritsche kann als Wechselaufbau mit dem Kran vom Fahrzeug abgesetzt werden.

Diese Actros 2546 6x2/4 LH Megaspace Sattelzugmaschine wird ebenfalls von Rico Rasch eingesetzt. Hier mit einem Jumboauflieger des dänischen Herstellers HFR-Trailer, der einen Großteil der Transportfahrzeuge zur „Geisterfabrik" lieferte. Die Bahn selbst stammt ursprünglich von Zierer und war als stationäre Attraktion auf der Expo in Japan und später in Büsum beheimatet. Der tschechische Freizeitanlagen-Hersteller Ride Technic baute die Bahn dann zur mobilen Anlage um und ist für die Realisierung der riesigen Anlagen-Front verantwortlich.

Fast typisch für die Zugmaschinen der verschiedenen Schaustellerbetriebe innerhalb der Familie Blume ist neben der hellblauen Lackierung auch ein vollverkleidetes Fahrgestell. So auch bei dieser 2546 (6x2/4) LH Megaspace von Charles Blume, die hier mit einer absetzbaren Wechselpritsche abgebildet ist. Für diesen Wechselaufbau, der mit den Radausschnitten passgenau angefertigt wurde, stehen auch Bordwände zur Verfügung. Der verladene Container ist ein Segment des Aussichtsturms „The Tower Event Center".

Die KMG Schaukel „XXL" wurde bis in das Jahr 2014 vom Schaustellerbetrieb Denies & Kipp der Eheleute Baby (geb. Kipp) und Tony Denies betrieben und dann an Andreas Zinnecker verkauft. Als Zugmaschine des vorderen Mittelbauwagens ist bei diesem Foto die MP 3 Actros 2555 LS (6x2/4) mit einem 550 PS starken V 8 Motor und dem großen Megaspace Fahrerhaus zu sehen. Auf dem Auflieger, der von KMG mit Esve Special Trailers Komponenten gebaut wurde, sind neben dem Ein- bzw. Aufgang zur Schaukel auch die Stützen des vorderen Bocks verlastet.

Der Schaustellerbetrieb Langenberg-Bienert aus Duisburg betreibt das, im Jahre 2011 von Bertazzon (F) gebaute, doppelstöckige Bodenkarussell „Venetian Carousel" und lockt auf namhaften Veranstaltungen mit diesem wunderschönen wie zeitlosen Fahrgeschäft die Besucher an. Die Transport- und Montagetechnik sind aber auf aktuellem Stand. Mit dem Palfinger PK 44002 G Ladekran am Heck der Actros 2555 (6x2/4) LH sowie kranbaren Paletten für die Bauteile des Karussells zudem auch mit wenig Personal gut zu händeln. Für die Logistik stehen zwei baugleiche, offene Rollen zur Verfügung, die etwas zeitversetzt bei Gloria Fahrzeugbau hergestellt wurden. Das Schiebeverdeck der Dreiachsanhänger lässt sich von vorne sowie hinten, zur Erreichbarkeit des gesamten Laderaums mit dem Ladekran, öffnen. In der Ausführung G, mit acht hydraulischen Ausschüben, erreicht der Kran eine gestreckte Reichweite von 20,50 Metern und hebt dort noch ein Gewicht von 1.170 kg. Seilwinde, Vierpunktabstützung, Endlosschwenkwerk sowie die Funkfernbedienung sind selbstverständlich in dieser Leistungsklasse entsprechend vorhanden.

Showmans Twins! Die in Schneverdingen ansässige und von Patrick Greier geführte Greier Group hat sich neben dem Schaustellergewerbe auf die Betätigungsfelder Eventmanagement, Montage- und Transportservice sowie die Fertigung, den Umbau und Reparaturen von Freizeitanlagen und Schaustellerfahrzeugen spezialisiert und bietet mit steigender Tendenz ein durchaus ansehnliches Portfolio an Dienstleistungen rund um die Freizeitbranche an. Für die Transporte der eigenen Anlagen, wie etwa das knapp 60 Meter hohe Riesenrad „Mein Rad" oder die riesige Virtual Reality Abenteuerbahn „Dr. Archibald" sowie bei anfallenden Transportaufträgen ist ein großer Fuhrpark notwendig. So kommt es nicht von ungefähr, dass Zugmaschinen auch mal im Doppelpack angeschafft werden. Die beiden baugleichen Mercedes-Benz Actros 2548 (6x2) sind mit dem Big Space Fahrerhaus sowie Zubehör wie „tote Winkel Kameras", LED Arbeitsscheinwerfern und einer Fronttraverse zum Rangieren von Anhängern technisch für den Einsatzweck optimal ausgestattet. Die Lampenbügel und tiefen Sonnenblenden sorgen für die entsprechende Optik.

In Grevenbroich ist die Firma Späth Zelte beheimatet, die neben mobilen Hallen für Industrie und Gewerbe auch im Festzeltbereich aktiv unterwegs ist. Für den Auf- und Abbau der Zeltanlagen sowie für die anfallenden Transporte wird neben anderen Zugmaschinen auch diese Mercedes Arocs 2648 LS (6x4) mit dem 2,30 m breiten Stream Space Fahrerhaus und einem Atlas 332.3E Kran eingesetzt. Der mit sechs hydraulischen Schiebestücken ausgestattete Ladekran entspricht der Ausführung A6 und hebt laut Hersteller bei knapp 16,50 m noch 1.330 kg Last. Der Satteltieflader wird sowohl für den Transport von Schwerlastböden als auch für das Umsetzen der vorhandenen Geländestapler eingesetzt und verfügt deshalb auch über hydraulische Rampen.

In einer für diesen Schaustellerbetrieb ungewöhnlichen Lackierung ist die Actros 2651 LS (6x2) mit dem 2,50 m breiten Streamspace Fahrerhaus der Oscar Bruch OHG (Inge und Angela Bruch) unterwegs. Die Sattelzugmaschine verfügt als Besonderheit auf unseren Straßen über die zwillingsbereifte und liftbare Nachlaufachse, die häufig in Skandinavien und den Niederlanden wegen der höheren Gesamtgewichte genutzt wird. Der aufgesattelte Tieflader wird bei der „Alpina-Bahn" als Schienenwagen genutzt.

Die Mittelbauten der von der österreichischen Firma Funtime gebauten Hochfahrgeschäfte „Starflyer" (Kettenflieger) und „Freefall" (Freifallturm bzw. Vertikalfahrtanlage) bestehen bei Reiseanlagen aus zwei Wagen. Diese werden heckseitig miteinander verbunden, seitlich abgestützt und dienen so als Fundament. Jean van der Beek betreibt den „Around the World XXL" Kettenflieger, dessen vorderer Mittelbauwagen meistens von dieser Mercedes-Benz Actros 2551 LS (6x2) Sattelzugmaschine gezogen wird, die ebenfalls mit dem 2,50 m breiten Stream Space Fahrerhaus ausgerüstet ist. Auf dem als Auflieger realisierten Mittelbauwagen,kann man den umgeklappten Turmfuß als Kletterbasis mit übergestülpter Turmspitze sowie dem roten Aufzug erkennen, an dem später der drehende Auslegerstern mit den hängenden Gondeln in die Höhe gefahren wird. Unterhalb des Turmteils ist bei diesem Foto eine der insgesamt zwei pro Wagen vorhandenen massiven Abstützungen zu erkennen, die hydraulisch ausgeschwenkt werden können.

Links: Der zweite Mittelbauwagen des „Around the World XXL" Kettenfliegers basiert auf einem vierachsigen Anhänger und bildet im Grunde nur den hinteren Teil des Turmfundaments. Auch bei diesem Wagen sind seitlich die ausschwenkbaren Abstützungen zu erkennen. Beim Transport werden auf diesem Anhänger zusätzlich der Werkstattcontainer sowie Teile des Podiums verladen. Als Zugmaschine dient diese Actros 2658 LS (6x4) Giga Space, die sowohl im Sattelbetrieb als auch, wie rechts zu sehen, mit der absetzbaren Wechselbrücke des Herstellers Chrisco Carrosseriebouw aus Roermond für den Mittelbau genügend Ballast auf den Hinterachsen hat. Die Ballastpritsche verfügt in diesem Fall sogar über eine eigene Lichtanlage mit Seitenbegrenzungs- sowie Heckleuchten.

Der Schausteller Mike Roie aus Frankfurt am Main betreibt neben der aufwändig gestalteten Reisegastronomie „Zum Kuckuckswirt" unter anderem auch eine Vermietung von sogenannten Schwerlastböden. Als Zug- und Kranmaschine wird diese Actros 2552 LS (6x4) mit einem Giga Space Fahrerhaus eingesetzt. Die vorhandenen 520 PS Motorleistung liefert der 15,6 Liter OM 473 LA Sechszylinder Reihenmotor als kleinste verfügbare Leistungsstufe.

Der Pritschenaufbau samt Fahrgestell-Vollverkleidung entstand in den Werkstätten von Gloria Fahrzeugbau in Grevenbroich. Da für die Ausnutzung des kompletten Arbeitsbereichs des leistungsstarken Palfinger PK 53002-SH eine zusätzliche Sicherung nach hinten erforderlich ist, kann die gesamte Heckverkleidung samt zusätzlichem Stützenpaar hydraulisch ausgefahren werden. Der Kran selbst erreicht mit den vorhandenen acht Ausschüben der Version G eine gestreckte Reichweite von 20,80 Metern. Hier können dann noch 1.580 kg Gewicht angehoben werden. Neben einem Endlosschwenkwerk der bereits angesprochenen Sechspunktabstützung stehen eine hydraulische Hubwinde sowie auch noch mindestens eine mechanische Verlängerung als Ausrüstung zur Verfügung.

Die leistungsstärkste Version des kleineren 13 Liter OM 471 LA Sechszylinder Reihenmotors leistet 530 PS und sorgt in dieser Actros 2653 LS (6x4) für den Antrieb. Oscar Bruch jr. entschied sich bei dieser Zugmaschine ebenfalls für die größte, Giga Space genannte Fahrerhausversion. Mit einem dreiachsigen Pritsche-Plane Sattelauflieger der „Alpina-Bahn" im Schlepp, also in familiärer Mission, verlässt das Gespann den Festplatz der Frankfurter Dippemess.

Joep Hoefnagels beschaffte im Jahr 2020 diese Actros 2658 LS (6x4) bereits mit den Mirror-Cams anstelle der Außenspiegel. Für die Montagearbeiten des 80 Meter hohen „Aeronaut" Kettenfliegers im opulenten Steampunk Design wurde ein Palfinger PK 53002-SH G Ladekran hinter dem Bigspace Fahrerhaus montiert. Man entschied sich mit der Version G auch gleich für die längste Ausführung mit acht hydraulischen Ausschüben. Die Leistungsdaten entsprechen dem baugleichen Ladekran auf der Zugmaschine von Mike Roie. Durch die Montage hinter dem Fahrerhaus wurde bei diesem Fahrzeug allerdings nur eine Vierpunktabstützung verbaut. Bei beengten Platzverhältnissen, die das Arbeiten über das Fahrerhaus nach vorne erforderlich machen, wird bei Hoefnagels mittlerweile eine Ballastpritsche aufgesattelt, die dem Fahrzeug die notwendige Stabilität verleiht. Neben der Sattelkupplung steht am Heck selbstverständlich noch eine Maulkupplung zur Verfügung.

Diese Actros 2658 LS (6x4) Bigspace wurde von Joep Hoefnagels mit der Turbo-Redarder-Kupplung geordert, die gerade bei den schweren Transporten für verschleißfreien Antrieb sorgt und dazu ein absolut feinfühliges Rangieren unter erschwerten Bedingungen ermöglicht.

Hier die dritte 2658 (6x4) des Schaustellerbetriebs Hoefnagels. Aufgesattelt ist bei diesem Foto der vordere der vier Mittelbauwagen der 65 Meter „Inversion XXL" Looping Schaukel von KMG, die erfolgreich als „Infinity" betrieben wird. Auf diesem Auflieger sind – typisch für die KMG Schaukeln – die vorderen Stützen des Bocks sowie der komplette Aufgang verladen.

Die Leistungsspitze ist bei Mercedes-Benz momentan bei 630 PS erreicht. Bei den Schaustellerbetrieben Barth aus Bonn wird diese Actros 2663 LS (6x4) Bigspace als Sattelzugmaschine und mit Ballastpritsche auch vor den Anhängern der Fahrgeschäfte eingesetzt. Hier ist ein Van Hool Plattformauflieger der „Olympa Looping" Bahn aufgesattelt, der mit einem Teil der Böcke beladen ist.

Als Ersatz für die allradgetriebene Kranmaschine der ersten Actros Generation schaffte Rene Mondorf aus Oldenburg diese Actros 2858 LS (6x4) Zugmaschine mit dem Big Space Fahrerhaus an.

Die Anfertigung des Pritschenaufbaus samt Fahrgestellverkleidung sowie die Montage des Palfinger Ladekrans übernahm der Fahrzeugbaubetrieb Gellhaus aus Vechta. Der PK 65002-SH verfügt neben dem Endlosschwenkwerk über eine Seilwinde und entspricht mit seinen acht hydraulischen Ausschüben mit 20,3 Metern Reichweite der Version G. Die zu hebende Last kann dort noch 2.100 kg wiegen. Da ist dann wieder ein drittes Stützenpaar notwendig, das nach hinten ausgeschoben werden kann, um den rückwärtigen Arbeitsbereich tatsächlich voll ausnutzen zu können. Das ist in den meisten Fällen auch notwendig, da Rene Mondorf seinen Huss „Break Dance" im Jahre 2022 in einem komplett neuen Gewand präsentierte. Das gesamte Podium und die Rückwand wurden vom niederländischen Hersteller KMG neugebaut und sind als kranbare Bauteile realisiert worden. Zusätzlich wurde ein Halbdach für das Karussell gebaut, das den kompletten Bereich der Rückwand überspannt und ebenfalls per Kran an die Position gehoben wird. In Zeiten von Personalknappheit eine weise Entscheidung, mühselige Handarbeit durch Technik zu ersetzen. Beim Umbau ging es aber nicht alleine um Rationalisierung der Arbeitsabläufe, denn auch optisch hat sich mächtig was getan. Auf der gesamten Fläche der neuen Rückwand wurden zu den folierten Bildmotiven noch LED Brennstellen eingebaut, die in den Abendstunden zur Geltung kommen. Da diese LED Technik zu beiden Seiten leuchtet, wird selbst die Rückseite des Fahrgeschäfts zur Multimediawand und abgespielte Szenen sowie Lichteffekte machen von weitem auf den „Kult Breaker" aufmerksam.

Mit 510 PS zwar etwas „leistungsschwächer" ausgelegt, dafür aber mit dem gößten Fahrerhaus der aktuellen Actros Baureihe ausgestattet. Bei den Gebrüdern Boos übernimmt diese 2651 LS (6x4) Giga Space anfallende Transportaufgaben und pendelt zwischen den Fahrgeschäften hin und her. Bei dieser Aufnahme aus dem Jahr 2015 sieht man wieder einmal den vorderen Mittelbau einer KMG XXL-Schaukel und erkennt daran eigentlich schon die Beliebtheit dieser Fahrgeschäfte. Das mit einer Flughöhe von 45 Metern beworbene und „Monster" genannte Fahrgeschäft war von 2014 bis 2016 im Besitz der Firma Boos.

Dreiachs – Zugmaschinen von Renault

Die Schwerlastfreunde werden diese Renault R 390 T (6x4) vom Schaustellerbetrieb H.O. Schäfer vielleicht wiedererkennen. Die Freunde der Düsseldorfer Schwerlastspedition Max Goll aber ganz bestimmt, denn dort wurde diese Sattelzugmaschine in den 1980er Jahren fabrikneu beschafft. Typisch für Max Goll wurde die Renault mit Trilexfelgen und passend für die zu bewegenden Gewichte sogar mit einem Drehmomentwandler ausgestattet. Unterhalb der Stoßstange kann man noch den massiven Schutzrahmen für den Wandlerkühler erkennen, der zum Zeitpunkt dieses Fotos aus den 1990ern aber schon ausgebaut war. Aufgesattelt war ein teleskopierbarer Semitieflader, der mit schweren Bauteilen des „Indiago" beladen war. Das war bei dem von Mondial (NL) unter dem Projektnamen „Super Nova" gebauten Hochfahrgeschäft der große Nachteil, denn für die Montage der mächtigen Einzelteile waren Manpower und Kranarbeit notwendig, die einen wirtschaftlichen Betrieb später zunehmend in Frage stellten. Die letzten Tage bei Familie Schäfer verbrachte die V8 Renault beim „Turbo Force" und zog den Mittelbauauflieger des Propellers. 2010 stand das Fahrzeug dann zum Verkauf.

Michael Hartmann aus Hagen setzte über einen längeren Zeitraum diese AE 520 Magnum ein, die auf dem Heck des 6x2 Fahrgestells zuletzt mit einem Palfinger PK 36002 Ladekran ausgerüstet war. Dieser Kran löste einen leistungsschwächeren Vorgänger in Langarmbauweise ab.

Beim Schaustellerbetrieb Burghard-Kleuser aus Dortmund wurde eine zeit- lang, diese Renault AE 520 Magnum (6x4) mit dem 520 PS starken MACK V8 Motor eingesetzt. Mit einer abnehmbaren Ballastpritsche, die auf der Sattelplatte auflag, ist sie bei diesem Foto mit dem vorderen Mittelbau- bzw. Bockwagen des 38 Meter hohen „Columbia Rad 3" des Herstellers Mondial zu sehen.

Acht Jahre später: diese Aufnahme entstand 2022. Der vordere Bockwagen ist zum Sattelauflieger umgebaut und wieder mit einer Renault Zugmaschine unterwegs. Hierbei handelt es sich dann allerdings um das Modell T 460 Comfort (6x2) mit dem „Sleeper Cab" genannten Hochdachfahrerhaus und in Lowliner Ausführung. Diese ist notwendig, um die beiden zum Auflieger umgerüsteten Bockwagen aufsatteln zu können, ohne die zulässige Gesamthöhe zu überschreiten.

Dreiachs – Zugmaschinen von Scania

Max Eberhard aus Hamburg ist bis heute im Besitz dieser Scania LBT 141 (6x4), die ich zu Anfang der 2000er Jahre mit dem Mittelbauwagen des Mondial Hochfahrgeschäfts „Airwolf" fotografieren konnte. Zu dieser Zeit bestand die von Roodberg zugelieferte Fahrzeugtechnik beim Mittelbau, des vom niederländischen Hersteller „Inferno" genannten Karussells, noch aus fünf Achsen. Das vordere Fahrwerk wurde später um eine weitere Achse ergänzt.

Für den neu gegründeten Geschäftszweig wurde auch kurzzeitig auf der Bordwand der 141er entsprechende Werbung angebracht. Für die anfallenden Montagearbeiten der Firma RCS stand ja schließlich auch der HIAB Heckladekran zur Verfügung.

In den 1990er Jahren konnte ich diese Scania R 142 H (6x4) des Münchener Schaustellerbetriebes Heinrich Willenborg GmbH fotografieren, die im Fuhrpark des 50 Meter hohen „Oktoberfest-Riesenrads" unterwegs war. Das im Jahr 1979 präsentierte Riesenrad wurde von Anton Schwarzkopf Karosserie- und Fahrzeugbau GmbH gebaut und ist bis heute das Wahrzeichen auf dem Münchner Oktoberfest. Die komplette Sohle des Rades besteht aus Containerrahmen in Normabmessungen, die beim Umsetzen mit Bauteilen beladen werden und als Transportmittel dienen. In den ersten Jahren wurden die Container mit einem Seitenlader zum Verladegleis der Deutschen Bundesbahn gefahren, die dann den Transport zwischen den Gastspielorten übernahm. Der HIAB Ladekran mit zusätzlichem Fly-Jib war bei dieser Zugmaschine deswegen zusammen mit der Pritsche auf einem Wechselrahmen montiert, der zum Absetzen vom Fahrgestell über die Kranstützen angehoben werden konnte. So stand eine Sattelzugmaschine für den Klaus-Seitenlader zur Verfügung.

Der „Breakdance 2" Mittelbauwagen des Stuttgarter bzw. Waiblinger Schaustellers Fritz Kinzler wurde von der Maschinenfabrik Huss im Jahre 1988 als Sattelauflieger ausgeliefert und war im Gegensatz zu den Anlagen von Dreher und Bonner nie als Anhänger unterwegs. Über die Jahre wurden von Fritz sowie später von Particia Kinzler die verschiedensten Sattelzugmaschinen eingesetzt. So auch diese R 142 H (6x4), die selbstverständlich über Anhängerkupplungen am Heck verfügte und mit einer vorhandenen Wechselpritsche ballastiert werden konnte.

Diese R 143 E 500 (6x4) war hauptsächlich mit der „Wilden Maus" von Patricia Kinzlers Bruder Stefan unterwegs und mit einer festen Ballastpritsche ausgerüstet. Ursprünglich war die Familie Kinzler sogar im Besitz von zwei Achterbahnen aus dem Hause Mack, die nebeneinander als „Doppel Maus" aufgebaut werden konnten. Beide Anlagen wurden zeitlich versetzt von Max Eberhard übernommen und werden aktuell als „Wilde Maus XXL" mit den entsprechenden Umbauten sowie als „Wilde Maus – das Original" erfolgreich betrieben. Nach einer Komplettrestauration ist die Zugmaschine mittlerweile in den Hausfarben von Max Eberhard unterwegs.

Zusammen mit dem Schausteller Ralf-Peter Nickel aus Frankenthal, betreibt die Familie Kinzler erfolgreich das von der Maschinenfabrik Huss gebaute Looping-Hochfahrgeschäft „Revolution" (Werkname Top Spin 1). Als Zugfahrzeug für den Mittelbauwagen sowie für die Montagearbeiten mit einem am Heck montierten HIAB Ladekran wird diese R 143 H 450 (6x4) eingesetzt. Die Fahrwerktechnik der Top Spin Mittelbauwagen wurde von der Bremer Maschinenfabrik wieder einmal beim langjährigen Partner Goldhofer Spezialfahrzeugbau aus Memmingen zugekauft.

Beim Schaustellerbetrieb Johan Korten aus Weert (NL) wird diese R 143 H 450 (6x4) sowohl als Zugmaschine als auch für die Montagearbeiten mit dem Ladekran noch aktiv genutzt. Und das soll sich so schnell auch nicht ändern. Im März 2019 wurde deshalb der V 8 Motor komplett überholt und im Frühjahr 2022 dann auch der Palfinger PK 32000 in der Version C mit vier hydraulischen Schubstücken sowie einem Fly Jib und Hubwinde, einer Komplettrevision unterzogen. Auf diesem Foto ist die Zugmaschine mit dem kombinierten Rückwand- und Transportauflieger des Mondial (NL) Propellers „Eclipse" zu sehen. Das unter dem Projektnamen „Capriolo" vermarktete Hochfahrgeschäft erreicht eine Geschwindigkeit von 90 km/h sowie 48 Meter Flughöhe.

Im Jahr 2022 ebenfalls noch aktiv im Dienst ist diese 143 M 470 (6x4) Topline des Frankfurter Schaustellers Alexander Schramm. Neben der Aufgabe, als Zugfahrzeug vor dem, im Jahre 2019 auf drei Achsen umgebauten Breakdance 1 Mittelbau, wird das Fahrzeug bei anfallenden Montagearbeiten genutzt. Hierzu steht ein heckmontierter HMF 2753 K4 DTS Ladekran mir vier hydraulischen Ausschüben, Hubwinde sowie Vierpunktabstützung zur Verfügung. Die Hinterachsen der gepflegten Kranmaschine sind mit Trilexfelgen ausgestattet.

Der Schausteller Andreas Aigner aus München reist seit 2009 mit einem Karussellunikat erfolgreich über die Festplätze. Das bei der Karussellfabrik von Wieland Schwarzkopf im Jahre 1996 als „Sound Factory" gebaute Rundfahrgeschäft wurde 2008 von Andreas Aigner übernommen, technisch bei Gerstlauer Rides überarbeitet und dann zum „Parkour" umgestaltet. Trotz einsetzenden Regens konnte ich im Jahre 2011 die Abfahrt des Mittelbauwagens hinter der R 143 H 500 (6x4) ablichten. Der vorhandene Palfinger PK 45000 C, mit vier hydraulischen Ausschüben, einer hydraulischen Hubwinde, dem Endlosschwenkwerk und Vierpunktabstützung wird über einen Hochsitz bedient und sorgt bei Transportfahrt mit über 5.000 kg Eigengewicht für ordentlich „Druck" auf den Antriebsachsen. Auch bei den technischen Leistungswerten zählt der Kran zur schweren Klasse, denn bei einer Reichweite von 12,30 Meter können laut Herstellerangaben noch 3.450 kg an Last gehoben werden.

Im Jahre 1992 präsentierte die Maschinenfabrik Huss aus Bremen mit dem „Megadance" ein neues Rundfahrgeschäft. Alleine in Deutschland gingen im ersten Jahr sechs Anlagen als „Mega Dancer", „Can Can", „Rock 'n' Roller" oder eben als „Megadance" an den Start. Bereits nach kurzer Zeit wurde den Schaustellern sowie dem Hersteller klar, dass eine simple Auf- und Abbewegung der Gondeln nicht den gewünschten Erfolg brachte. Es musste also mehr Bewegung in den Fahrablauf, und die wurde mit Looping Gondeln erreicht. Fast alle Anlagen wurden nach und nach auf die neue Auslegervariante umgebaut. Aus dem „Mega Dancer" wurde der „Flic Flac". Bei dieser Aufnahme aus dem Jahre 2012 ist der Mittelbauwagen eines „Flic Flac" zu sehen, das der Schausteller Sascha Hanstein aus Bremen im Jahre 2007 gebraucht erworben, komplett überholt und zum „Devil Rock" umgestaltet hat. Dieser Mittelbauwagen wurde vom Bremer Hersteller allerdings schon beim Bau mit Looping Gondeln realisiert und rollte als einzige Version auf sechs anstelle der noch beim „Megadance" ausreichenden fünf Achsen aus den Werkhallen. Als Zugmaschine vor dem schweren Sechsachser wurde von Sascha Hanstein diese R 143 H 470 Topline als 6x2 mit sogenanntem Boogie-Achslift eingesetzt, die optisch schon etwas in die Jahre gekommen, leistungstechnisch und akustisch aber wortwörtlich ein „Brüller" war. Der „Devil Rock" ist nach weiteren Besitzerwechseln aktuell bei Mathias Straube aus Raguhn-Jeßnitz beheimatet.

Ende der 1990er Jahre setzte die in Euskirchen beheimatete Schaustellerfamilie Kipp & Sohn diese R 143 H 500 (6x4) in der Streamline Ausführung mit einer festen Ballastpritsche ein. Da die Kipps zu der Zeit mit verschiedenen Fahrgeschäften auf der Reise war, pendelte die Zugmaschine zwischen den Gastspielorten hin und her und war an den jeweiligen Anlagen für die schweren Transporte, sprich die „dicken Brocken", zuständig.

Fettes Geschiebe ... Die aus Chemnitz stammende Schaustellerfamilie Müller Volklandt betreibt seit 1995 erfolgreich einen Huss „Magic", der im Jahr 2018 aufwändig zum „Entertainer" umgestaltet wurde. Als Zugfahrzeug vor dem Mittelbauwagen wird konsequent auf bewährte Technik gesetzt und eine Scania T 143 E 500 (6x4) eingesetzt. Hinter der festen Ladefläche, die während des Transportes mit dem Fahrstand des Karussells beladen ist, kann man hier noch den alten HIAB 140 Ladekran erkennen.

Mittlerweile versieht ein kräftiger Palfinger PK 33002 EH in der Ausführung G mit acht hydraulischen Ausschüben, Hubwinde und Vierpunktabstützung seinen Dienst bei der Entertainer-Montage. Bei einer gestreckten Reichweite von 21,10 Metern, kann der Kran noch 860 kg Last anheben.

Seppel Müller gibt nicht nur im Fahrstand des „Entertainer" gerne Vollgas ... Das Ergebnis der Kontrollfahrt nach dem sogenannten Einspuren, also dem manuellen Ausrichten der hydraulisch-zwangsgelenkten Hinterachsen, war für mich eher „undurchsichtig".

Als Scania im Jahre 1995 die Serie 4 vorstellte, wurden auch die Kennbuchstaben der Fahrgestellklassifizierung geändert. Waren die Fahrzeuge für schweren Baustellenverkehr oder Schwertransporte mit hohen Gesamtgewichten bei der 3er Serie noch mit dem E für Extra Heavy gekennzeichnet, so findet man bei der 4er Serie dann ein G hinter den ersten drei Zahlen für Hubraum und Entwicklungsstufe bzw. die Serie. Auf einem solchen G Fahrgestell rollt die Zugmaschine von Willy Kaiser aus München auf die Festplätze. Die R 124 G 470 (6x4) kann als Sattelzugmaschine als auch vor Anhängern eingesetzt werden. Hierzu wird hinter dem Palfinger PK 44002 eine der vorhandenen Wechselaufbauten aufgebrückt, die über die Sattelplatte und einen Twistlockbalken gesichert werden. Der Ladekran mit fünf hydraulischen Ausschüben (Modell D) hebt gestreckt bei 13,70 Metern 2.520 kg Last, ist mit einem Endlosschwenkwerk, einer Hubwinde sowie der notwendigen Vierpunktabstützung ausgerüstet und kann in der Reichweite mit zwei vorhanden mechanischen Schubstücken verlängert werden. Gut zu erkennen ist die Hakenflasche, die einen „zweisträngigen" Hub ermöglicht.

Die Technical Park (I) Schaukel „Street Fighter" ist ein sehr kompaktes Fahrgeschäft. Bis auf die Kasse, Rückwand und einige Kleinteile ist die komplette Anlage auf diesem Mittelbauauflieger verladen, der beim Schaustellerbetrieb Marcus Brand aus Braunschweig von der R 124 L 420 (6x2/4) Topline gezogen wurde. Der Besitzer hat sich mittlerweilev on der Schaukel getrennt.

Die in Stuttgart und Kaiserslautern beheimateten Schaustellerbetriebe der Familien Henn, Nickel und Marker sind auf dem Gebiet der Kinderfahrgeschäfte aktiv. Unter den Zugmaschinen ist diese R 144 L 460 Topline (6x2/4) zu finden, die mit einem Tirre Euro 181 Ladekran am Heck aufgebaut ist. Der Kran mit vierfachem hydraulischem Ausschub hebt bei knapp 13 Metern 1.070 kg an Last. Interessant ist die Anordnung der Rundumleuchten, die steckbar auf Winkelhaltern an der Seite angebracht sind.

Zum Fuhrpark des Schaustellerbetriebs von Fredi Welte aus Bramsche gehört diese R 144 G 460 (6x4), die mit einem Fassi Ladekran sowie einem festen Plattformaufbau, zur Aufnahme des 10 ft Werkstatt-Containers ausgerüstet ist.

Der Fassi F 660.25 Ladekran gehört definitiv zu den Schwergewichten, denn mit den fünf hydraulischen Ausschüben wird eine gestreckte Reichweite von 13,60 Meter erreicht. Dort hebt der Kran dann noch ein Lastgewicht 3.505 kg. Sollte die Reichweite nicht ausreichen, stehen noch vier manuelle Schiebestücke zur Verfügung, die den Arbeitsraum auf bis zu 22,45 Meter erweitern. Hier beträgt das maximale Lastgewicht immer noch 1.650 kg. Neben einer festen Krankabine gehören ein Endlosschwenkwerk, die Vierpunktabstützung sowie eine ebenfalls mächtig dimensionierte Seilwinde zur Ausstattung. Der Hubbetrieb erfolgt zwei- oder sogar mehrsträngig über die Umlenkrolle der Hakenflasche.

Nach der 143er „Blue Diamond" wurde von Dragan Mrsic diese R 144 L 530 (6x2/4) eingesetzt, die ebenfalls für den Sattel- sowie Anhängerzugbetrieb vorbereitet war. Hier ist die Zugmaschine mit dem, als offene Rolle genutzten, Goldhofer Semitieflader des Schaustellerbetriebs Aigner zu sehen, auf dem das Karussellpodium des Fahrgeschäfts „Parkour" verladen ist.

Mit dem hinteren der zwei Mittelbauwagen der KMG (NL) Afterburner Schaukel „Rocket" verlässt die R 164 L 580 (6x4) des Schaustellerbetriebes Michael Hartmann das Festgelände. Die 580 PS Version war die Leistungsspitze der im Jahre 2000 vorgestellten 16 Liter V 8 Motoren und das Flaggschiff der Serie 4. Die Zugmaschine wurde bereits von Thomas Weber, dem Erstbesitzer des „Rocket", bei Schütte Fahrzeugbau mit einem Pritschenaufbau und dem Palfinger PK 17500 A auf den Schaustellereinsatz vorbereitet und kam, zusammen mit der Schaukel, über eine Zwischenstation zur Familie Hartmann. Der Ladekran hat bei zwei hydraulischen Ausschüben eine gestreckte Auslage von 7,80 Meter und hebt dort 2.100 kg Last. Am Heck ist bei dieser Zugmaschine eine Anhängerkupplung des Herstellers V. Orlandi aus Italien zu finden, die auf dem deutschen Markt neben Rockinger und Ringfeder eher selten anzutreffen ist. Mittlerweile wurde der italienische Ausrüster von SAF-Holland übernommen.

Dem einen oder anderen Leser wird das Design dieser Scania R 164 L 580 Topline (6x4) bekannt vorkommen. Johan Korten aus Weert (NL) übernahm die Sattelzugmaschine schließlich von der, unter LKW-Fans nicht unbekannten Spedition P.J. Hoogendoorn Transport BV aus Veenendaal, die mit den auffälligen Fahrzeugen häufig auf LKW-Festivals anzutreffen sind. Bei Korten übernimmt die kräftige V8 den Transport des Mittelbauwagens vom 48 Meter hohen Mondial (NL) Propellers „Eclipse".

Vom italienischen Hersteller Barbisan, stammt das 1998 als „Tollhaus" gebaute 4-Etagen-Laufgeschäft, das seit 2011 von Freddy Zinnecker aus Passau als „Freddy's Circus" betrieben wird. Als Zugmaschine des Mittelbaus wird von Freddy Zinnecker eine R164 G 480 Topline (6x4) eingesetzt, die hinter dem Fahrerhaus mit einem Palfinger PK 24001 ausgerüstet ist. Für diese Zugmaschine steht aber auch eine, mit dem Kran absetzbare Ballastpritsche zur Verfügung.

Der Vater von Freddy Zinnecker war von 2013 bis 2015 mit dem Technical Park (I) Fahrgeschäft „Street Fighter Revolution" auf Reise. Im Gegensatz zur „Street Fighter" Schaukel war diese Anlage geeignet, die Überkopffahrt zu vollziehen. Das war für den Hersteller die namensgebende „Revolution". Alwin Zinnecker nannte seine Anlage „The Beast" und brachte die entsprechenden Schriftzüge auch an der Scania R 500 Topline (6x2/4) an, die ich im Premierenjahr zusammen mit dem Mittelbauauflieger ablichten konnte. Trotz des für die Überkopffahrt notwendigen Gegenauslegers als Gewichtsausgleich blieb der Mittelbauwagen in seiner Kompaktheit unverändert.

Im Sommer 2022 konnte Timo von Halle aus Großefehn seinen neuen Autoskooter „Nitro–The Race" in Empfang nehmen. Hersteller der 2-Säulen-Skooterhalle ist das belgische Unternehmen Adesko, das den Grundrahmen und die komplette Fahrzeugtechnik des Mittelbauwagens bei Gloria Fahrzeugbau zukauft. Der Schausteller entschied sich beim neuen Skooter für die Sattelausführung mit zwangsgelenkter letzter Achse sowie hydraulischer Protzenanhebung, die einen schnellen An- und Abbau ermöglicht. Da die zweiachsigen Zugmaschinen im Fuhrpark mit der Sattellast überladen worden wären, wurde diese R 440 (6x2/4) Topline in Lowliner Ausführung gebraucht erworben, in weißer Farbe lackiert und mit einer Anhängerkupplung und den notwendigen Versorgungsanschlüssen ausgerüstet.

Mit dem vom Hersteller Fabbri (I) angebotenen und von Kirmesfans als „schnellste Bratpfanne" bezeichneten Fahrgeschäft „Contact" ist Maik Landwermann aus Asendorf auf den Festplätzen aktiv unterwegs. Der Mittelbauwagen des „Kick Down" ist identisch zum „High Impress" von Frank Oberschelp als Sattelauflieger konstruiert und wird bei Landwermann von einer R 500 6x2/4 Topline gezogen, ...

... die auch über eine Twistlocktraverse zur Aufnahme von Wechselaufbauten, wie z.B. diesen aufgesattelten Wohnkoffer, verfügt. Angehängt ist auf dieser Aufnahme der Wohnwagen der Familie Landwermann, der von Marco Pfaff Fahrzeugbau stammt und über eine gelenkte dritte Achse verfügt.

Marvin Dreßen aus Mönchengladbach ist seit dem Jahre 2019 mit einem Klassiker unter den Rundfahrgeschäften, dem „Monster III" von Schwarzkopf, unterwegs, das 1984 unter Alfons Kaiser aus München ans Netz ging. „Der Polyp" wird beim Schaustellerbetrieb Dreßen mit einem kräftigen HMF Ladekran auf- und abgebaut, der auf dieser R 440 6x2 Zugmaschine mit liftbarer Nachlaufachse, im Jahre 2021 noch hinter dem mittelhohen Highline Fahrerhaus montiert war. Die absetzbare Plattform bestand aus einer massiven Stahlplatte, um ausreichend Ballast auf die Antriebsachse zu bringen, diente aber gleichzeitig noch dem großen Polyp-Dekorationselement aus der Karussellmitte als Mitfahrgelegenheit beim Transport.

Der HMF Odin-O K6 verfügt über ein Endlosschwenkwerk sowie sechs hydraulische Ausschübe mit einer Reichweite von 16,9 Meter und 2.380 kg Hubkraft bei gestrecktem Ausleger. Eine Vierpunktabstützung sorgte im Jahre 2021 noch für den sichern Stand. Im Jahr 2022 rollte die Kranmaschine von Marvin Dreßen dann komplett überarbeitet auf die Festplätze. Neben einer Neulackierung des kompletten Fahrerhauses wurde der grundüberholte Ladekran zum Heck umgesetzt und eine feste Ballastpritsche mit verzinktem Rahmen und Alu-Bordwänden montiert.

Um den Arbeitsbereich des Ladekrans auch über den rückwärtigen Bereich zu gewährleisten, wurde ein zusätzliches drittes Stützenpaar erforderlich, welches zusammen mit dem Unterfahrschutz nach hinten herausgeschoben werden kann. Neben neuen Riffelblechkotflügeln an den Hinterachsen ist aus gleichem Material und zwischen Fahrerhaus sowie der Pritsche eine große Staubox realisiert worden. Hier werden die vorhandenen Hebezeuge für den Kran sauber aufgehängt und können mit einer Abdeckung gegen Witterungseinflüsse und Diebstahl gesichert werden.

Der Düsseldorfer Schausteller Markus von Olnhausen hat im Jahre 2019 die „Super-Rutsche" von der Firma Göbel aus Worms übernommen. Für die Montage der in Italien bei SDC gebauten Anlage musste ein entsprechender Kran beschafft werden. Dieser steht in Form eines Tirre Euro 241.6 zur Verfügung, der hinter dem Highline-Fahrerhaus dieser R 470 (6x2) aufgebaut wurde. Der Kran erreicht mit den sechs hydraulischen Ausschüben laut Herstellerangaben eine gestreckte Reichweite von 16,70 Metern. Dort hebt der mit Vierpunktabstützung und hydraulischer Hubwinde ausgerüstete Ladekran noch 1.000 kg.

Vielleicht nicht passend zum übrigen Fuhrpark von Remco Kriek, optisch aber auffallend und technisch optimal ausgestattet: die neue Kranmaschine des Propellers „Gladiator", eine R 480 (6x4) Sattelzugmaschine mit kräftigem Fassi F 660 AXP.26 Ladekran. Ausgerüstet mit Endlosschwenkwerk und Vierpunktabstützung erreichen die sechs hydraulischen Ausschübe eine Reichweite von 16,10 Metern. Dort hebt der Kran dann noch ein Lastgewicht von 3.100 kg.

Links: Auch bei Patricia Kinzler und ihrem „Breakdance" wurde die Zugmaschinenflotte nach und nach durch jüngere Modelle der 2004 eingeführten neuen R Bauserie ersetzt. Diese R 500 (6x4) ist mit einer Sattelplatte sowie mit Anhängerkupplung und einem Wechselrahmen zur Aufnahme der Pritschenbrücke optimal für die anfallenden Transporte ausgerüstet. *Rechts:* Die R 580 (6x4) Highline mit dem Palfinger PK 53002-SH wird für die schnelle Montage des Fahrgeschäfts eingesetzt. In der hier eingesetzten Variante G des Ladekrans stehen acht hydraulische Ausschübe mit einer Hubkraft von 1.580 kg bei gestreckter Reichweite von 20,80 Metern zur Verfügung. Für die Länge von 25 Metern und 600 kg Lastaufnahme sind zusätzlich zwei mechanische Verlängerungen vorhanden. Die Ausstattung wie Vierpunktabstützung, Hubwinde und Endlosschwenkwerk ist in dieser Leistungsklasse natürlich vorhanden. Dass bei der Firma Kinzler keine halben Sachen gemacht werden, kann man an den Fronttraversen erkennen, die den unteren, klappbaren Kühlergrill ersetzen. Alles ist stabil gebaut und mit Rangierkupplung sowie den notwendigen Versorgungsanschlüssen zur Luftversorgung ausgestattet und dabei gleichzeitig noch optimal an die typische Linienführung der Front angepasst.

Auch Dragan Mrsic setzt aktuell eine R 580 mit dem Highline Fahrerhaus ein. Beim Fahrgestell hat er sich allerdings wieder für die 6x2/4 Version entschieden, die im Sattelbetrieb auch für schwere Auflieger geeignet, aber durch die gelenkte Vorlaufachse, gleichzeitig überaus wendig ist. Bei der Heckansicht kann man bei genauer Betrachtung dann allerlei technische Finessen entdecken, die der Besitzer in der eigenen Werkstatt nachgerüstet hat. Hinter dem Fahrerhaus wurde ein Rahmen montiert, der neben einigen Werkzeugboxen, die Luftkessel und allen erforderlichen Versorgungsanschlüssen, auch einen Wassertank für die tägliche Hygiene trägt. Die Sattelkupplung ist pneumatisch verschiebbar und kann für den Kupplungsvorgang, ebenso wie die Vorlandi Anhängerkupplung am Heck mittels Videokameras beobachtet werden. Die Fahrzeugbatterien sind in der Box unterhalb der Anhängerkupplung untergebracht und verfügen über einen Anschluss für die Stromversorgung beim Fremdstart. Auch für diese Zugmaschine steht eine absetzbare Ballastbrücke zur Verfügung.

Bei dieser Zugmaschine des Schaustellers Mathias Straube handelt es sich ebenfalls um eine R 580, allerdings als 6x4 Version und mit dem Topline-Fahrerhaus ausgestattet. Angehängt ist eine offene Rolle, die mit Bauteilen des Podiums und der Rückwand des Fahrgeschäfts „Devil Rock" beladen ist.

Auf der absetzbaren Ballastbrücke wird beim Transport der Fahrstand des "Devil Rock" verladen. Bei der Heckansicht fällt sofort das massive Rahmenende der Sattelzugmaschine auf. Neben der unten montierten Anhängerkupplung mit 40 mm Bolzen steht eine Schwerlastkupplung mit 50 mm Bolzendurchmesser zur Verfügung.

Für diese R 620 Topline Sattelzugmaschine, die als wendige 6x2/4 Version bei Mathias Straube im Einsatz ist, wurde in der eigenen Werkstatt ebenfalls eine Wechselbrücke angefertigt. Neben Ballastgewichten sind auf der Pritsche mit dem hohen Planenverdeck die Kabel und Schläuche für die Wohnwagen verladen. Typisch für eine Zugmaschine aus dem Straube Fuhrpark ist das angebaute Zubehör und eine umgestaltete Innen- einrichtung des Fahrerhauses aus Leder und Old School Accessoires wie dem Dreispeichen-Lenkrad.

Auch diese im Sommer 2022 abgelichtete R 620 (6x4) mit Topline Fahrerhaus und dem Streamline Spritspar-Paket gehört Mathias Straube und wurde mit einem Palfinger PK 22002 EH in der Ausführung D, einer absetzbaren Ballastbrücke und zwei Anhängerkupplungen am Heck für den Schaustellereinsatz vorbereitet. Der hinter dem Fahrerhaus montierte Ladekran ist mit fünf hydraulischen Ausschüben ausgestattet, die eine Reichweite von 14,70 Metern erreichen. Dort können 1.080 kg Last gehoben werden. Dass sich das Streamline Paket, bestehend aus aerodynamisch überarbeiteter Sonnenblende, den Windabweiserlippen über den Hauptscheinwerfern und den eingelassenen LED Begrenzungsleuchten dann wirklich noch positiv auf den Kraftstoffverbrauch auswirkt, kann bei der üblichen Dosierung der von Mathias Straube verwendeten Anbauteile dann wohl eher verneint werden.

Hier rollt der Mittelbauwagen des „Circus-Circus" vom Cranger-Kirmesplatz. Das von Huss gebaute Fahrgeschäft vom Typ „Magic", ging 1989 unter der Schaustellerkooperation Howey-Bruch-Bruch (HBB) ans Netz und besticht noch heute unter der Leitung von Thomas Gründler und Christian Preuss durch die opulente, farbenfrohe Gestaltung auf namhaften Festplätzen. Hier noch mit der Beschriftung von Thomas Gründler, der den Karussellklassiker nach einer Kooperation mit Oscar Bruch zunächst alleine übernahm, ist die Scania R 580 Topline (6x4) zu sehen, die neben der Zugarbeit auch für die Montage eingesetzt wird. Dazu wird der Palfinger PK 29002 genutzt, der laut Hersteller noch 1.160 kg Last bei den knapp 17 Metern gestreckter Auslage der vorhandenen sechs hydraulischen Ausschübe schafft.

„Daddy's dream, Mom's nightmare"! Dass die Scania R 620 Topline (6x4) für Marvin Dreßen tatsächlich der Traum ist, kann ich zwar nur vermuten, aber wenn die „ungefilterten Posaunenklänge" des kräftigen V 8 Motors ertönen, kann man ein deutliches Grinsen im Gesicht des Besitzers erkennen. Bei diesem Foto ist die, mit einer abnehmbaren Ballastpritsche ausgerüstete Sattelzugmaschine mit dem Mittelbauwagen des Fahrgeschäfts „Der Polyp" abgebildet. Die von Anton Schwarzkopf gebauten Mittelbauten der Monster III Reiseanlagen wurden mit einem Goldhofer SP 4-2+2 Fahrwerk ausgeliefert. Neben der Firma Anton Schwarzkopf nutzten auch andere Hersteller von Fahrgeschäften die Goldhofer Fahrwerke, die vom Grundkonzept der den Achsen der Tiefladerbaureihe TA 4 entsprach.

Im Sommer 2021 präsentierte der Badberger Schaustellerbetrieb Piontek den 40 Meter hohen Kettenflieger „Fly Over" von AK-Rides aus der Slowakei. Da für die neue Anlage, die komplett auf nur einem Dreiachsauflieger als Mittelbau verladen ist, noch eine passende Zugmaschine benötigt wurde, kam Verstärkung in Form dieser R 620 Highline (6x4). Hier ist die, von Brenner Spezialtransporte aus Dormettingen im Zollernalbkreis übernommene Sattelzugmaschine vor dem Mittelbauwagen des Autoskooters „Road of Dreams" von Robert Ernst zu sehen, der auf dem weichen Untergrund mit der eigenen vorhandenen Zweiachszugmaschine zuvor aufgeben musste.

Links: Eine Zeit lang wurde diese R 620 (6x4) bei Patricia Kaiser für den Transport des „Breakdance" Mittelbauwagens eingesetzt, ... *Rechts:* ... ehe sie von René Bufkens und Toni Denies für den Kooperationsbetrieb „Giantwheel" übernommen wurde. Nach der Montage eines Palfinger PK 44002 sowie der festen Pritsche wird das Fahrzeug dort beim Auf- und Abbau der im Betrieb vorhandenen Riesenräder eingesetzt. Der Ladekran besitzt in der Ausführung G acht hydraulische Ausschübe und stemmt gestreckt auf 20,50 Meter noch 1.170 kg an Last. Mit dem Endlosschwenkwerk und dem über die Hakenflasche umgelenkten Hubwindenseil können auch schwere Bauteile zügig und sicher bewegt werden.

Rechts: Noch kurz vor dem drohenden Regen, der den Himmel schon arg verdunkelte, konnte ich im Jahre 2014 diese Scania R 730 Topline (6x2/4) zusammen mit dem Mittelbau der KMG „Inversion 12" Schaukel „Avenger" ablichten, die von der Dürener Schaustellerfamilie Holzem bis 2018 betrieben wurde.

Mitte: Bei der Ansicht von hinten ist der farblich angepasste Palfinger Ladekran zu erkennen, der hinter dem Fahrerhaus platziert wurde. Der Mittelbauwagen ist typisch für KMG mit Esve Special Trailers BV Technik und kompakt in den Abmessungen.

Der in Bremen beheimatete Schaustellerbetrieb der Familie Renoldi ist eher mit den „schweren Brocken" auf den Festplätzen unterwegs. Und diese Aussage gilt nicht nur für den Fuhrpark. Neben aufwändig gestalteten mobilen Gastronomiebetrieben wie dem „Almhüttendorf" oder dem „Hansezelt" war die Familie lange Zeit mit großen Fahrgeschäften wie der gigantischen Indoor-Achterbahn „Höllenblitz" auf der Reise, für die laut Besitzerangaben 600 t Material bewegt werden müssen. Bei den Zugmaschinen wird bei Renoldi konsequent auf den schwedischen Hersteller Scania gesetzt, wie die folgenden Bilder zeigen. Diese R 560 Topline (6x4) zieht ein Containerchassis des Herstellers Krone, das mit einem sogenannten Flat Rack beladen ist. Auf diesem Flat werden Schwerlastböden für die Gastronomieanlagen sowie Palettenboxen mit Unterpallungshölzern transportiert.

Diese R 620 (6x4) Highline sorgt mit dem aufgesattelten Klaus Seitenlader für die Logistik, der an den Anlagen vorhandenen Container und Flats. Das Thema Containerlogistik wird im zweiten Band in einem eigenen Kapitel ausführlich dargestellt.

Selbstverständlich verfügen die meisten Sattelzugmaschinen bei Renoldi zusätzlich über eine Anhängerkupplung am Heck und können über vorhandene Wechselrahmen auch ballastiert werden. So auch die vorher gezeigte R 620, die hier einen Mack Wohnwagen im Schlepp hat und auf dem Wechselrahmen mit einem 10 Ft Container beladen wurde.

Eine weitere R 620 (6x4) mit Topline Fahrerhaus. Der Auflieger ist eine Spezialanfertigung und dazu geeignet, Container über vorhandene Twistlockverschlüsse aufzunehmen sowie hohe und sperrige Bauteile im vorhandenen Tiefbett zu transportieren. Am Beispiel des verladenen Containers kann man deutlich erkennen, wie aufwändig die Anlagen der Firma Renoldi gestaltet werden. So bestehen die Bauteile aus Echtholz, welches teilweise schon als Baustoff gedient hat und die entsprechende Patina aufweist.

Dreiachs – Zugmaschinen von Volvo

Zu Anfang der 2000er Jahre konnte ich diese Volvo F12 mit Nachlaufachse (6x2) und dem Eurotrotter Fahrerhaus ablichten. Das Fahrerhaus war von Volvo ab 1984 für die F Baureihe und den Volumentransport angeboten worden, denn durch die kurze Bauweise in Verbindung mit einer Dachschlafkabine konnte man Raum für Ladung gewinnen, ohne dass der Fahrer zum Übernachten die Kabine umbauen musste. Der russischen Artistenfamilie Kanukov, die damals beim Circus Krone als „Gruppe Iriston" tollkühne Artistik-Darbietungen auf Pferden präsentierte, diente die Sattelzugmaschine dazu, den Transportauflieger der Pferde und Material zu ziehen.

Die in der Ruhrgebietsstadt Essen beheimatete Schaustellerfamilie Fackler setzt aktuell noch diese Volvo FH 12 der ersten Generation ein, die im Jahre 1993 als Nachfolger der F Baureihe präsentiert wurde. Um mit dem, hinter dem Fahrerhaus der Sattelzugmaschine montiertenPalfinger PK 35000 nach vorne arbeiten zu können, befindet sich an der Fahrzeugfront ein zusätzliches Stützenpaar. An dieser stabilen Konstruktion, fand auch die einfache Rangierkupplung ihren Platz.

Besonders interessant bei dieser Zugmaschine sind die Hinterachskotflügel, die über stabile Staukästen für Anschlagmittel verfügen sowie die daran angepasste, mächtige Heckabstützung. Die Ballastbrücke besteht aus einem Metallrahmen, der mit Riffelblech verkleidet wurde und mit dem Kran abgesetzt werden kann. Dieser Ladekran, vom Typ PK 35000, verfügt neben einer Hubwinde in der verwendeten Ausführung F über sieben hydraulische Ausschübe mit einer vom Hersteller angegebenen Reichweite von 18,90 Metern. Dort hebt der Kran dann noch ein Gewicht von 1.180 kg. Mit zwei vorhandenen mechanischen Schiebestücken kann die Reichweite auf 23,90 Meter, mit dann noch 530 kg Hubkraft, verlängert werden.

Beim Aufbau des „Oktoberfest Rad" des Schaustellerbetriebs Willenborg konnte ich 2010 diese Volvo FH 12 420 (6x2), der 2. FH Generation, mit einer zwillingsbereiften Nachlauf-Liftachse ablichten. Die mit dem eher seltener anzutreffenden kurzen FH Fahrerhaus ausgerüstete Zugmaschine kann sowohl im Anhängerbetrieb, als auch zum Ziehen von Sattelaufliegern genutzt werden. Hierzu wird der Pritschenaufbau mit dem Ladekran abgenommen und durch eine Sattelplatte ersetzt, die auf der Beifahrerseite in einer Transporthalterung mitgeführt wird (unten links). Die Auf- und Umbauten am Fahrzeug erfolgten in den Werkstätten von Volvo Popp.

Der mit Hubwinde und Endlosschwenkwerk ausgestattete Palfinger PK 44002 Ladekran wurde in der Ausführung E, mit sechs hydraulischen Schiebestücken beschafft, der eine Reichweite von 15,90 Metern erreicht und dort noch 1.960 kg Last hebt. Hier ist aber zusätzlich noch ein Fly Jib montiert, der zwar die Reichweite erhöht, das Hubgewicht aber entsprechend mindert.

Rechts: Volvo FH 16 660 (6x2) mit Globetrotter XL Fahrerhaus des Schaustellerbetriebs Mario Haberkorn aus Erfurt, der mit dem Laufgeschäft „Chaos Airport" auf der Reise ist. Der Kofferaufbau wurde von der Vorgängerzugmaschine, einer MAN TGA, übernommen und farblich angepasst. An der Fahrzeugfront wurde an den Anschlagpunkten der Schleppösen eine Traverse befestigt, an die für Rangierzwecke eine Rockinger Maulkupplung angebracht werden kann. Die Luftversorgung zur Anhängerbremse wird über eine Duomatic Schnellkupplung gesichert.

Links: Ursprünglich handelte es sich bei dieser Zugmaschine von Arno Heitmann aus Münster um eine zweiachsige FH 480 Globetrotter Sattelzugmaschine, die bei ES-GE Nutzfahrzeuge in Essen durch eine Umbereifung der Hinterachse auf 950 mm Aufsattelhöhe, also Lowliner Niveau abgesenkt wurde. Zusätzlich wurde hinter dem Fahrerhaus ein Zusatztank montiert sowie eine liftbare Vorlaufachse angepasst, die die effektive Sattellast erhöht. Bei diesem 2020 aufgenommenen Foto ist noch der Mittelbau des Cosmont (I) Musik-Express „Disco-Jet" abgebildet, der von 1979 bis 2021 betrieben und zunächst als Anhänger gefahren wurde. Der Umbau zum Sattelauflieger erfolgte durch den Grevenbroicher Fahrzeugbauspezialisten Gloria.

Im Sommer 2021 wurde dann vom italienischen Hersteller Bertazzon der neue „Disco-Jet" übernommen, dessen dreiachsiger Mittelbau auf diesem Foto zu sehen ist. Grund für die Investition war hauptsächlich der schnellere Auf- und Abbau sowie der geringere Personalbedarf. Zusätzlich erfüllt die neue Anlage selbstverständlich alle aktuell geltenden Sicherheitsvorschriften und ist mit energiesparender Technik ausgestattet.

Adriano Rasch aus Süderdeich betreibt die Technical Park „Street Fighter Revolution" Looping-Schaukel „The Beast", die von Alwin Zinnecker übernommen wurde. Für den Transport des Mittelbauwagens, der bei Zinnecker noch von einer Scania R 500 gezogen wurde, setzt Adriano Rasch diese Volvo FH 16 (6x4) mit einem Globetrotter XL Fahrerhaus ein.

Diese Volvo FH 500 Globetrotter XL (6x4) wird an den verschiedenen Attraktionen der Greier-Group eingesetzt. Hier ist die Sattelzugmaschine zusammen mit einem Krone-Containerchassis und einem aufwändig mit Farbe „gealterten" Open-Top Container der Abenteuerbahn „Dr. Archibald" zu sehen.

Bei der rollenden Dinosaurier Ausstellungen von Mario Sperlich und seinem Sohn Guiliano Reinhardt konnte ich 2013 diesen Exoten Straßen ablichten. Bei der aufwändig gestalteten Ausstellung war dieser Volvo VNL 780 eher für Abnehmer in den USA oder Australien bestimmt, – ein wahrer Anziehungsmagnet.

Beim Schaustellerbetrieb Dreher-Vespermann entschied man sich vor Jahren, den schweren 5-Achs Mittelbauwagen des „Breakdancer No. 2" zum Sattelauflieger umzurüsten. Die passende Zugmaschine, für das von Gloria Fahrzeugbau zum 3-Achs Auflieger umgebaute Breakdancer Herzstück, kam in Form dieser FH 540 Globetrotter XL (6x2/4). Der hier aufgebrückte Wechselkoffer, stammt übrigens noch von einer Mercedes SK 1735, war dort allerdings als Festaufbau montiert.

Beim Schaustellerbetrieb Willenborg ist auch eine Sattelzugmaschine der FMX Baureihe im Einsatz, die sonst eher im Baustellen- oder Spezialeinsatz zu finden ist. Als 540 PS Ausführung dann allerdings auch gleich die leistungsstärkste Version dieser Baureihe. Der aufgesattelte Auflieger gehört zum „Bayrischen Riesenrad", das wegen der Farbgebung auch das „gelbe Rad" genannt wird und 1997 von der Firma Gerstlauer gebaut wurde. Als Basis dienen bei dieser 55 Meter hohen Anlage sechs Auflieger, die miteinander verbunden werden. Der abgebildete Wagen ist mit Gondeln beladen, dient während des Spielbetriebs als Wartebereich und wird hinter dem Eingangswagen positioniert. Bei beengten Platzverhältnissen, kann aber auf den Einbau dieses Sattelaufliegers verzichtet werden. Zusätzlich wird noch ein Semitieflader für den Transport der oberen Bocksegmente mitgeführt, der nicht in die Anlage eingebaut wird.

Vierachs-Zugmaschinen

Vierachs-Zugmaschinen von DAF

Diese DAF FTM XF 105.510 SC (Space Cab) 8x4/4 wird beim Dortmunder Schaustellerbetrieb Burghard-Kleuser am 48 Meter hohen Mondial Riesenrad „Roue Parisienne" eingesetzt und zieht hauptsächlich den hinteren der zwei Bockwagen. Die Zugmaschine wurde gebraucht von der Schwerlastspedition Van der Vlist übernommen, die den Hauptsitz in den Niederlanden hat, Niederlassungen aber in verschiedensten Ländern vorhält.

Die Zugmaschine, die hinter dem Fahrerhaus über einen Turmaufbau der Firma Alfimex verfügt, in dem der große Kraftstofftank, Luftkessel und Staukästen untergebracht wurden, ist mittlerweile auch in den Hausfarben des Dortmunder Schaustellerbetriebs unterwegs.

Vierachs – Zugmaschinen von MAN

Den Schwerlast-Spezialisten dürfte diese Zugmaschine bekannt sein, stand sie doch ursprünglich mal in den Diensten des bekannten Schwerlast-Urgesteins Heinrich Schütz aus Hagen, der im Jahre 2001 und im Alter von 61 Jahren leider verstorben ist. „Heiner" Schütz erkannte irgendwann einen wachsenden Bedarf an vierachsigen Sattelzugmaschinen und baute kurzerhand eine vorhandene dreiachsige MAN F8 26.365 DFS (6x4) mit 10-Zylinder-V-Motor und 365 PS unter Verwendung einer liftbaren Vorlaufachse des Herstellers Hüffermann zur Vierachszugmaschine (8x4/4) um. Richtigerweise müsste also die Ziffer 41.365 auf dem Typenschild an der Tür zu lesen sein. Das Fahrzeug wurde zunächst von der Firma Pieper Schwertransporte aus Dortmund übernommen, ehe es von der ebenfalls in der Ruhrgebietsstadt ansässigen Schaustellerkooperation der Familien Ahrens und Isken gekauft wurde. Ahrens & Isken waren zum Zeitpunkt der Aufnahme, Anfang der 1990er Jahre, mit dem von Sorani & Moser Rides (I) gebauten Looping-Hochfahrgeschäft „Terminator" unterwegs und benötigten für den schweren Mittelbauwagen, nach unbestätigten Informationen wog der Auflieger 63 Tonnen, eine entsprechende Zugmaschine.

Diese kräftige F2000 41.604 (8x4/4) mit Drehmomentwandler wurde im Jahre 2013 vom Schausteller Dirk Löffelhardt aus Erftstadt kurzzeitig am Huss Rundfahrgeschäft „Booster" eingesetzt und für den Anhängerzugbetrieb mit einer Ballastpritsche ausgerüstet. Die angehängte dreiachsige Rolle stammt von Hilse Fahrzeugbau und war seinerzeit mit dem Fahrstand, Bauteilen des Podiums und der Rückwand sowie dem großen „Booster" Schriftelement beladen. Wo die Zugmaschine später geblieben ist, die zuvor bei der Spedition Trost in Traisen (Österreich) eingesetzt und dort mit der internen Nr. 380 gekennzeichnet war, kann ich leider nicht beantworten. Der „Booster" wurde von Dirk Löffelhardt zwischenzeitlich einer aufwändigen Überholung und Umgestaltung unterzogen und ist aktuell als „Ghost Rider" erfolgreich auf Tour.

Beim Schaustellerbetrieb von Otto Cornelius werden am „Around the World“ Riesenrad zwei vierachsige MAN Sattelzugmaschinen eingesetzt. Diese TGA 41.530 XXL (8x4/4) war ehemals bei Universal Transporte aus Paderborn beheimatet und wurde seinerzeit von Toni Maurer auf der Basis einer 26.530 (6x4) umgebaut. Aufgesattelt ist der hintere Bockwagen des Mondial Riesenrades, der mit Komponenten des Fahrzeugbauers Roodberg aus Terband-Heerenveen (NL) auf die Achsen gestellt wurde.

Auch bei dieser TGX XXL (8x4/4) Zugmaschine, die ursprünglich an die Spedition Max Goll geliefert wurde und auf diesem Foto den vorderen Bockwagen zieht, handelt es sich um einen Umbau des MAN Spezialisten Toni Maurer. Demnach muss die richtige Bezeichnung TGX 41.480 lauten, obwohl das Typenschild noch ein 33 Tonnen 6x4 Fahrgestell ausweist.

Für die letzten drei Zahlen auf der Tür dieser „TGA 41.660 XXL“, die die Motorleistung angeben und auf einen eingebauten V 10 Motor hinweisen würden, sprechen eindeutig der fehlende große Schwerlastturm hinter dem Fahrerhaus sowie der auf der Beifahrerseite angebrachte Auspufftopf hinter der Vorderachse. Ich vermute, dass es sich bei dieser Zugmaschine um eine TGA 41.530 XXL gehandelt hat. Trotz alldem war das Gespann mit dem Mittelbauwagen des „Flasher“, einem Propeller des Herstellers Mondial (NL), Typ: Turbine und somit baugleich mit dem „Gladiator“, schon ein Hingucker auf den Straßen.

Der lange Radstand zwischen den ersten vier und der letzten Achse des Aufliegers, die zusätzlich angeflanscht überhaupt erst den Transport auf öffentlichen Straßen ermöglichte, stellte die Fahrer der Schaustellerkooperation FTE Ahrend (Eldagsen) & Jaquier (Frankreich) immer wieder vor große Herausforderungen. Bei engen Kurven hatte man immer den Eindruck, dass die Reifen der letzten Achse im nächsten Moment von der Felge springen würden. Bei der Gesamtbetrachtung dieses Anlagentyps muss man festhalten, dass es die Konstrukteure geschafft haben, ein Fahrgeschäft zu entwickeln, das Personen mit über 80 km/h auf einer Kreisbahn von 62 Metern durch die Luft fliegen lässt. Das beweisen tatsächlich die langen Schlangen von wagemutigen Menschen, die sich beim Spielbetrieb vor der Kasse bilden. Eine praxisgerechte und wirklich funktionierende Transporttechnik, bei der auch eine sogenannte Kreisfahrt zumindest ansatzweise Beachtung finden sollte, wurde bei diesem Auflieger anscheinend völlig ignoriert. Das war vielleicht auch ein Grund, warum sich die Firma Ahrend im Jahre 2014 nach nur zwei Jahren aus der Kooperation löste.

Auch die „Nessy" der Familie Markmann musste irgendwann auf aktuelle Anforderungen in Punkto Fahrzeuggewicht angepasst werden. Die notwendigen Umbauten am Mittelbau übernahm Gloria Fahrzeugbau aus Grevenbroich. Durch den Anbau eines kuppelbaren Einachsfahrwerks, was im Schwerlastbereich auch Joker-Achse genannt wird, wurden die beiden Aufliegerachsen deutlich entlastet. Bei der Beschaffung einer neuen Zugmaschine entschied man sich bei Markmanns dann für eine Vierachsausführung in Form dieser TGX 41.540 XXL (8x4/4), die die notwendige Sattellast problemlos aufnimmt.

Da mit der Zugmaschine auch die Montagearbeiten der Schaukel erledigt werden, wurde hinter dem Turmaufbau, bestehend aus Tanks und Staukästen, ein Palfinger PK 21000 C aufgebaut. Der Ladekran erreicht mit den vier hydraulischen Ausschüben eine Reichweite von 12,10 Meter (1.310 kg Traglast), die zusätzlich noch mit einem manuellen Schiebestück verlängert werden kann. Eine hydraulische Hubwinde sorgt dabei für flotten Materialumschlag. Die aufwändig gestaltete Fahrgestellverkleidung stammt, ebenso wie die Aufnahmevorrichtung der Jokerachse auf der Sattelplatte, wieder von Gloria Fahrzeugbau.

Vierachs–Zugmaschinen von Mercedes-Benz

Diese vierachsige Actros L der ersten Baureihe hat einen interessanten Werdegang. Bei Mercedes Benz lief die Zugmaschine als 3357 (6x4) mit dem damalig leistungsstärksten V8 Motor vom Band, wurde dann bei der Firma Jung mit der Vorlaufachse ausgerüstet und konnte danach als 4157 (8x4/4) an den dänischen Käufer Brande Maskintransport A/S ausgeliefert werden. Nach einem kurzen Zwischenstopp bei Nolte Autokrane in Hannover wurde das Fahrzeug von Michael Burghard gekauft und schleppt seither den vorderen Bockwagen des „Roue Parisienne" zu den Veranstaltungen.

Nach dem Erfolg des 1990 vorgestellten Looping-Hochfahrgeschäfts „Top Spin 1", das 40 Fahrgäste auf 18 Meter Flughöhe schaukelte, präsentierten die Konstrukteure der Bremer Maschinenfabrik Huss im Jahre 1993 den potentiellen Käufern eine kleinere und kompaktere Anlage mit 28 Sitzplätzen und 12 Metern Flughöhe. Die Plettenberger Schaustellerfamilie Langhoff entschied sich Anfang der 2000er Jahre zur Anschaffung einer „Top Spin 2" genannten Anlage. Die Besonderheit bei der für die Langhoffs gebauten Anlage ist der als Sattelauflieger konstruierte Mittelbau. Auch die Kompaktversion rollte ansonsten als 5-Achs Anhänger aus der Bremer Fertigung. Da aber im Fuhrpark der Schaustellerfamilie noch keine Sattelzugmaschine vorhanden war, die für das Gewicht ausgereicht hätte, entschied man sich hier für ein Neufahrzeug, das speziell auf die Bedürfnisse zugeschnitten wurde. Basis ist ein Actros L 3253 (8x4/4) Fahrgestell, das üblicherweise eher im Sonderfahrzeugbau z.B. bei Betonmischern, Saugwagen usw. verwendet wird.

Für Montagearbeiten an den Fahrgeschäften wurde hinter dem Fahrerhaus ein HMF 2220 Ladekran aufgebaut, der mit einer Hubwinde ausgerüstet ist, mit den vier hydraulischen Ausschüben fast 13 Meter Reichweite schafft und dort noch 1.250 kg anheben kann. Sollte diese Länge nicht ausreichen, können dann weitere drei mechanische Schubstücke genutzt werden.

Auch an den anderen Fahrgeschäften der Familie wurde die Zugmaschine, die im Jahre 2022 zusammen mit dem „Top Spin 2" an einen befreundeten Schausteller verkauft wurde, selbstverständlich eingesetzt. Bei dieser Abbildung war der Werkstattcontainer des „Flipper" bzw. des „Steamer" auf der Wechselplattform verladen und sorgte für das notwendige Gewicht auf den Antriebsachsen, um die Anhänger des Huss Klassikers zu ziehen.

Auch der Schaustellerbetrieb Barth & Kipp hat für die schwersten Transporte des „Jupiter" Riesenrad eine vierachsige Sattelzugmaschine als Gebrauchtfahrzeug beschafft und in den „neuen" Hausfarben lackiert. Die Actros MP 3 4155 (8x4/4) Megaspace ist mit dem verkleideten Schwerlastturm ausgestattet, in dem die Luftkessel, Reservereifen und der Kraftstofftank untergebracht sind. Im Schlepp einer der zwei vorhandenen Speichenwagen von Broshuis.

Vierachs – Zugmaschinen von Scania

Diese Scania R 144 G 530 (8x4/4) gehört dem französischen Schaustellerbetrieb Degoussée, der im Jahr 2013 das „Wonder Wheel" Riesenrad der Firma Bruch-Schneider übernommen hat und es von Recklinghausen in die Heimat transportierte. Da der hinter dem Fahrerhaus montierte HIAB XS 800 E-7 HiPro mit der montierten Fly-Jib ein Eigengewicht von 8.195 kg aufweist, ist das Vierachsfahrgestell in der klassischen Achsanordnung unumgänglich. Der Ladekran ist mit sieben hydraulischen Ausschüben ausgerüstet, die gestreckt 17,9 Meter erreichen. Dort können dann noch mächtige 3.300 kg Last bewegt werden. Zusätzlich ist ein Fly-Jib vom Typ 135 X-4 angebaut, mit dessen vier zusätzlichen Schiebestücken die Reichweite auf 26,8 Meter erweitert werden kann. Das zu hebende Gewicht darf dort aber immer noch 1.380 kg betragen. Da so ein Koloss von Kran, der natürlich über ein Endlosschwenkwerk und eine Hubwinde verfügt, die entsprechenden Mengen an Öl benötigt, wurde ein großer Tank sowie der Ölkühler auf einem Gestell hinter der Kabine verbaut. Neben Sattelaufliegern kann die 144er auch im Anhängerbetrieb eingesetzt werden. Hierzu ist unterhalb der hinteren Kranabstützung eine Schwerlasttraverse mit einer Anhängerkupplung vorhanden. Eine Ballastpritsche kann dann über vier Kippbrückenaufnahmen gesichert werden.

Der Plattformauflieger wurde lediglich vom nahegelegenen Abstellplatz geholt. Normalerweise wird die Scania R 580 (8x4/4) Topline beim Schaustellerbetrieb FTE Ahrend vor einem der zwei Bockwagen des 45 Meter Mondial Riesenrad „Mon Amour“ eingesetzt.

Im Gegensatz zu jüngst gefertigten Mittelbauwagen, bei denen der Einsatz von gewichtsparenden Maßnahmen einen hohen Stellenwert hat, bringt es der umgangssprachlich verwendete Begriff „Eisenschwein“ bei diesem Anhänger wohl genau auf den Punkt. Die sechs Achsen der von Goldhofer zugelieferten Fahrwerktechnik sind nämlich unbedingt nötig, um den Mittelbau des „Devil Rock“ auf den Festplatz zu bringen. Damit das vordere Fahrwerk auch das macht, was Mathias Straube hinter dem Lenkrad gerne möchte und der Anhänger bei Kurswechsel sicher folgt, setzt er als Zugmittel diese Scania R 730 (8x4/4) Topline ein. Für den nötigen Anpressdruck auf die Straße sorgt die Beladung der absetzbaren Plattformbrücke. Neben den massiven Stützen der Karussellmitte, die während des Spielbetriebs den Mittelbau zur Seite abstützen, wird darüber die Palette mit der Unterpallung, also den Holzklötzen und -platten verladen. Zwei Anhängerkupplungen am Heck machen die Zugmaschine vielseitig einsetzbar.

Vierachs – Zugmaschinen von Volvo

Wer sich für Volvo Zugmaschinen im Allgemeinen interessiert ist beim Schaustellerbetrieb Willenborg grundsätzlich schon mal an der richtigen Adresse. Da es sich beim Hauslieferanten zudem noch um die Firma Popp aus Nürnberg handelt, wo Spezialumbauten eigentlich zum täglichen Geschäft gehören, wundert man sich dann auch nicht mehr, dass der Willenborg Fuhrpark speziell auf den Einsatzzweck des Schaustellerbetriebs abgestimmt ist. Diese Volvo FH 16 660 Globetrotter (8x4/4) war lange Zeit als dreiachsige Zugmaschine im Einsatz, ehe sie bei Popp mit einer Vorlaufachse ausgestattet wurde.

Auch diese FH 16 600 Globetrotter XL (8x4/4) wurde in den Hallen der Popp Fahrzeugbau auf den Einsatz passend zugeschnitten. Da alle Zugmaschinen auch über eine Anhängerkupplung am Heck verfügen, sind verschiedene Ballastbrücken vorhanden, die bei Bedarf mit dem Kran aufgesetzt werden können.

Der dreiachsige Anhänger vom mittleren Bild kann sowohl Container transportieren, hierzu sind Twist-Lock Verschlüsse vorhanden, als auch als Tieflader mit Radmulden eingesetzt werden.

Bei diesem Fahrzeug handelt es sich fast eher um einen Kranwagen als um eine Zugmaschine. Auf das Volvo FH 540 Globetrotter (8x4*4 Tridem) Fahrgestell, wurde von der Firma Popp …

… ein Pritschenaufbau sowie der mächtige Palfinger PK 92002 SH Ladekran für die Hubarbeiten an den Riesenrädern montiert. Mit den sieben hydraulischen Ausschüben hebt der Kran nach Herstellerangabe und ohne den hier montierten Fly-Jib 3.750 kg bei 17,80 Metern gestreckter Auslage. Mit einem Jib kann die Reichweite dann je nach Ausführung noch auf knapp über 30 Meter verlängert werden.

Jeder freie Raum zwischen den Radabdeckungen der Hinterachse und unterhalb des Aufbaus wurde mit Staufächern ausgefüllt, um z.B. die Anschlagmittel sicher zu transportieren. Sogar unter dem Heckunterfahrschutz wurde noch eine Staumöglichkeit für die Abstützplatten gefunden.

Fünfachs-Zugmaschine von Volvo

Diese Volvo FH 16 580, in der hierzulande eher seltenen Version 10x4, wurde vom Bau- und Schwerlastunternehmen Max Wild angeschafft, später nach Rumänien an die Schwerlastspedition Renarom verkauft und von beiden Besitzern, zusammen mit einem Goldhofer Tiefbettauflieger, hauptsächlich im Baumaschinentransport eingesetzt. Über einen Nutzfahrzeughändler gelangte die Zugmaschine zum niederländischen Schaustellerbetrieb von Remco Kriek, wo sie aktuell noch vor dem 72.500 kg schweren Mittelbau der Mondial (NL) Turbine Nr. 3, dem „Gladiator" eingesetzt wird. Der Mittelbauwagen ist baugleich zu dem Auflieger des Fahrgeschäfts „Flasher", das eine Zeit lang von FTE Ahrend betrieben wurde. Der Spezialfahrzeugbauer Roodberg lieferte bei den Mittelbauwagen der Turbinen wieder alle notwendigen Komponenten für den Straßentransport an Mondial, bzw. an das Tochterunternehmen Amarko B.V. aus Terband. Das Gesamtgewicht des Aufliegers wird dabei auf vier Achsen mit jeweils zehn Tonnen Achslast, der angeflanschten und weit hinten rollenden fünften Achse mit 7,5 Tonnen Achslast sowie 25 Tonnen Kupplungsdruck, die auf die Volvo Zugmaschine wirken, verteilt. Die Schwerlastzugmaschine verfügt über drei lenkbare Achsen, wobei die letzte Achse auch angehoben bzw. geliftet werden kann. Im Turmaufbau, hinter dem Globetrotter XL Fahrerhaus, sind weitere Luftkessel, der große Kraftstofftank sowie Staukästen untergebracht. Der eingebaute D 16 E Reihensechszylinder leistet 579 PS bei 16,1 Liter Hubraum und erfüllt die Euro 4 Abgasnorm.

Weitere Bücher unseres Verlages – eine Auswahl

Fordern Sie unseren Prospekt an mit Büchern über Autos, Motorräder, Lastwagen,Traktoren, Forstfahrzeuge, Lokomotiven, Baumaschinen, Feuerwehrfahrzeuge, Schwertransporte, Autokrane, Flugzeuge:

Verlag Podszun Motorbücher GmbH
Elisabethstraße 23-25, 59929 Brilon
Telefon: 02961-53213, Email: info@podszun-verlag.de
Webshop: www.podszun-verlag.de

168 Seiten, 440 Bilder, 28 x 21 cm
Festeinband, ISBN 9783861339861
EUR 29,90 Bestellnummer **986**

256 Seiten, 660 Bilder, 28 x 21 cm
Festeinband, ISBN 9783751610131
EUR 39,90 Bestellnummer **1013**

176 Seiten, 480 Bilder, 28 x 21 cm
Festeinband, ISBN 9783751610704
EUR 29,90 Bestellnummer **1070**

240 Seiten, 600 Bilder, 28 x 21 cm
Festeinband, ISBN 9783751610292
EUR 39,90 Bestellnummer **1029**

160 Seiten, 540 Bilder, 28 x 21 cm
Festeinband, ISBN 9783861339892
EUR 29,90 Bestellnummer **989**

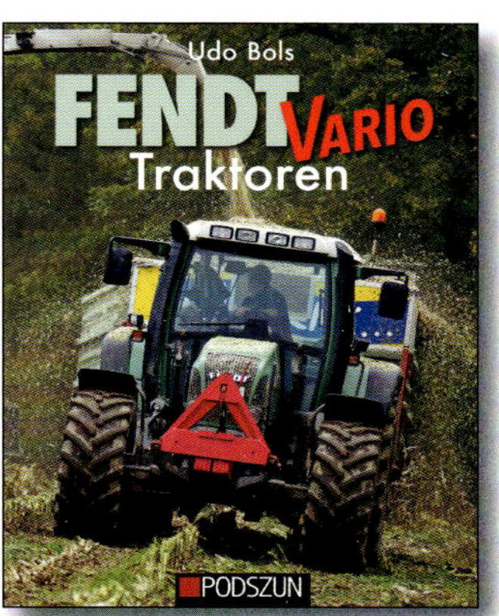

136 Seiten, 280 Bilder, 28 x 21 cm
Festeinband, ISBN 9783751610339
EUR 29,90 Bestellnummer **1033**

224 Seiten, 600 Bilder, 28 x 21 cm
Festeinband, ISBN 9783751610315
EUR 39,90 Bestellnummer **1031**

240 Seiten, 480 Bilder, 28 x 21 cm
Festeinband, ISBN 9783751610643
EUR 39,90 Bestellnummer **1064**

170 Seiten, 440 Bilder, 28 x 21 cm
Festeinband, ISBN 9783861339496
EUR 29,90 Bestellnummer **949**

256 Seiten, 620 Bilder, 28 x 21 cm
Festeinband, ISBN 9783751610766
EUR 39,90 Bestellnummer **1076**